AF314975

LES

AGRICULTEURS ILLUSTRES

ORLÉANS, IMP. G. JACOB, CLOITRE SAINT-ÉTIENNE, 4.

LES

AGRICULTEURS

ILLUSTRES

PAR

Paul HEUZÉ

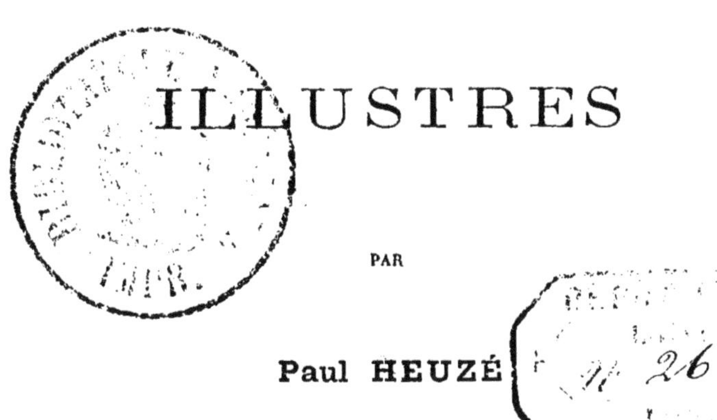

PARIS

LIBRAIRIE AGRICOLE DE LA MAISON RUSTIQUE

26, RUE JACOB, 26

AVANT-PROPOS

Au moment où une large part est faite à l'instruction agricole dans les écoles primaires, il nous a semblé utile d'esquisser la vie et les travaux des principaux agriculteurs. Tracer le portrait des grands hommes, c'est offrir des modèles à imiter. « Ce sont eux, « disait un illustre orateur, que j'ai toujours « eus sous les yeux dans l'administration des « affaires publiques ; c'est en fixant sur eux « mon esprit et ma pensée que je me formai « à la ressemblance de ces grands hommes. »

S'il est un livre destiné à la jeunesse des campagnes, c'est bien celui qui rappelle les services que les agriculteurs et les écrivains agricoles ont rendus à leur pays.

Le cadre limité de ce petit livre nous a contraint à ne mentionner que les noms français les plus célèbres; toutefois, nous y avons joint les étrangers les plus distingués, et dit quelques mots des agronomes anciens.

En racontant la vie et en retraçant les qualités des hommes dont la postérité reconnaissante conservera le souvenir, nous nous sommes imposé la tâche de faire connaître brièvement l'influence qu'ils ont exercée sur leur époque et sur la prospérité des sciences agricoles.

Il nous serait doux de penser que la lecture de cette œuvre ne sera pas dénuée d'intérêt pour les jeunes lecteurs.

LES AGRICULTEURS ILLUSTRES

CHAPITRE PREMIER

AUTEURS GRECS ET LATINS

1º AUTEURS GRECS

HÉSIODE.

Hésiode, originaire de Cumes en Éolie, fut élevé à Ascra, bourg situé au pied du mont Hélicon en Béotie. Il vivait neuf ou huit cents ans avant J.-C. Son poème didactique intitulé : *Les travaux et les jours*, renferme des préceptes sur l'agriculture et les travaux de chaque saison. Il y mêle des leçons morales parmi lesquelles il recommande le travail et blâme l'oisiveté.

Voici quelques-uns de ces préceptes :

« Le temps passe vite ; n'attends pas au lendemain, car qui fuit le travail ne remplit jamais son grenier; l'activité au contraire accroît la richesse. »

« Évitez la pauvreté et les infirmités. En vain le paresseux se nourrit d'espérance ; il souffre de la faim ; il se tourmente et trame de mauvaises actions. »

Hésiode est le premier qui ait écrit en vers sur l'agriculture.

THÉOCRITE.

THÉOCRITE, né à Syracuse, vivait dans le IIIe siècle avant J.-C. Cet écrivain n'a pas laissé de poème sur la culture des champs, mais il a célébré avec succès, dans ses idylles, les mœurs et les plaisirs des bergers se portant des défis sur la flûte et les pipeaux. Théocrite excelle dans la description du paysage et dans la peinture des caractères qu'il a tracés.

ARISTOTE.

ARISTOTE, né à Stagire en Macédoine, 380 ans avant J.-C., est l'expression de la science la plus vaste, réunie en un seul homme dans l'antiquité. Élève du philosophe Platon, il acquit une réputation telle que le roi Philippe le choisit pour être le précepteur de son fils Alexandre. Il lui écrivit cette lettre célèbre : « Phi-
« lippe, roi de Macédoine, à Aristote, salut. Sachez
« qu'il m'est né un fils. Je remercie les dieux, non pas
« tant de me l'avoir donné que de l'avoir fait naître du
« temps d'Aristote. J'espère que vous en ferez un roi
« digne de me succéder et de commander aux Macédo-
« niens. »

Alexandre, dans ses expéditions, lui envoyait des

matériaux qui servirent à composer son *Histoire naturelle des animaux*. Cuvier reconnaissait que ses travaux sur l'anatomie comparée n'avaient pas été sur-
passés. Aristote a écrit d'autres traités d'histoire naturelle
et des ouvrages de philosophie où se fait remarquer une
dialectique puissante.

Il fonda dans la ville d'Athènes une école de philosophie, et mourut 317 ans avant l'ère chrétienne.

THÉOPHRASTE.

THÉOPHRASTE naquit à Éresus, dans l'île de Lesbos,
371 ans avant J.-C. Disciple d'Aristote, il fut son suc-
cesseur au Lycée. Pendant sa longue carrière, au culte
de la philosophie, il joignit l'étude des mathématiques,
de l'histoire naturelle et de la médecine. On ne connaît
qu'un petit nombre de ses ouvrages qui s'élevaient à
deux cents. Ceux qui intéressent l'agriculture ont pour
titre : *Histoire des plantes, Traité de la végétation,
Traité des pierres*. Son plus célèbre ouvrage est intitulé :
Caractères moraux; mais le livre que La Bruyère publia au XVIIe siècle, sur le même sujet, lui est supérieur.

2° AGRONOMES LATINS

CATON.

CATON, surnommé l'Ancien, est né à Tusculum,
234 ans avant J.-C.; il mourut l'an 449 avant l'ère

chrétienne. Caton est célèbre par la sévérité avec laquelle il exerça ses fonctions de censeur, son discours sur le luxe des femmes et ses demandes réitérées de la destruction de Carthage. Il a laissé plusieurs écrits, dont un seul, celui sur l'agriculture, nous est parvenu. Ce livre, intitulé *De re rusticâ*, est écrit sans méthode ; il est le moins estimé des anciens ouvrages sur l'agriculture.

VARRON.

Varron, né à Rome, 116 ans avant J.-C., fut appelé le plus savant des Romains. Après avoir rempli des emplois élevés dans l'armée de Pompée, il devint conservateur de la bibliothèque de César, et mourut 41 ans avant J.-C. Il écrivit, à quatre-vingts ans, son ouvrage sur l'agriculture, divisé en trois livres : le premier a pour objet l'agriculture ; le second, les animaux ; le troisième, les oiseaux de basse-cour. Sous une forme animée, il a mêlé d'excellents préceptes aux sentences morales.

VIRGILE.

Le plus grand poète latin, Publius Virgilius Maro, naquit à Andes, près de Mantoue, le 14 octobre de l'an de Rome 684, 70 ans avant J.-C.

Dans ses *Bucoliques*, ses bergers ont moins de naturel que ceux de Théocrite; mais ses *Géorgiques* sont le chef-d'œuvre de la poésie didactique. Son *Énéide*, poème épique auquel la mort l'empêcha de mettre la dernière main, est néanmoins une œuvre impérissable et digne d'être placée au premier rang.

Virgile mourut à Brindes l'an 19 avant J.-C. Il avait, en mourant, exprimé le désir d'être enterré près de Naples, où il avait passé une partie de sa jeunesse.

Afin de ramener les esprits aux occupations agricoles, d'où les avait éloignés la guerre civile, il se mit à composer les *Géorgiques*, auxquelles il travailla sept années. Il les livra à la publicité l'an 31 avant J.-C. Virgile s'est montré grand poète par son style d'une harmonie enchanteresse, par la vivacité de ses images, l'éclat de sa description ; il a prouvé aussi qu'il possédait à fond les sujets qu'il traitait. Ses *Géorgiques* sont divisées en quatre livres : le premier a pour objet la culture des céréales ; le second, celle des arbres et de la vigne ; le troisième, l'éducation des bestiaux ; le quatrième, celle des abeilles. Les épisodes, par leur beauté et leur variété, ajoutent à l'intérêt de l'ouvrage.

« Comment, dit M. Géruzez, parvenir à être métho-
« dique sans froideur, exact sans sécheresse, tech-
« nique sans obscurité ? Comment allier le précepte et
« l'image, le sentiment et la description ? Comment
« parler en même temps à l'entendement, au cœur et
« à l'imagination ? En un mot, comment poétiser la
« science ? Virgile n'a ignoré aucun des secrets de cet
« art si difficile ; la poésie vivifie l'ensemble et les dé-
« tails de ses *Géorgiques* ; elle circule comme un feu
« subtil sous la trame de ses vers : elle brille à la sur-
« face comme une pure lumière. » La meilleure traduction en vers est celle de Delille.

HORACE.

Horatius Flaccus,, l'ami de Virgile, a parlé avec tant de charme des agréments de la campagne, que nous ne pouvons nous dispenser de lui consacrer quelques lignes.

Il naquit à Vénouse, ville de l'Apulie, 65 ans avant J.-C., et mourut l'an 8 avant l'ère chrétienne. Son père, fils d'esclave affranchi, lui fit donner une excellente éducation. « Si la nature voulait, a dit « Horace, qu'à un certain âge on recommençât une « nouvelle vie et que chacun choisît à son gré des pa- « rents, content des miens, je déclare que je n'en vou- « drais pas qui fussent décorés de faisceaux et de « chaises curules. »

Poète lyrique, il n'a pas été surpassé chez les Latins; il domine également dans le genre satirique et épistolaire. Comme Virgile, il fut le protégé d'Auguste et de Mécène, son ministre. Grâce à leur générosité, il se vit à l'abri de la gène, et rien ne vint contrarier ses goûts pour la poésie et la campagne.

Tantôt habitant sa riante villa de Tivoli, tantôt résidant dans son agreste propriété des montagnes de la Sabine, ou bien se reportant par la pensée dans le fertile pays où il avait joué tout enfant, il fait de nombreuses allusions, dans ses écrits, aux pays qui lui plaisent. Nonobstant, Horace avait une prédilection marquée pour la propriété qu'il possédait dans la Sabine. C'est là qu'il s'occupait d'agriculture avec le concours de son intendant ou chef des esclaves, qu'il faisait à ses amis absents la description de sa campagne, ou qu'il se promenait dans le bois qui couronnait ses champs.

COLUMELLE.

COLUMELLE naquit à Cadix (Espagne). Il vivait dans le milieu du Ier siècle de l'ère chrétienne. On le regarde comme le plus grand agronome de l'antiquité. Il administrait lui-même ses vastes domaines et avait fait de nombreux voyages agricoles. Il vint à Rome rédiger son *Traité d'agriculture* qu'il publia vers l'an 44, afin de ranimer le goût de l'agriculture délaissée et d'enseigner les bons procédés d'économie rurale, fruits de sa longue expérience. « Souhaitez-vous, dit-il, dans sa « préface, tirer parti de votre héritage, améliorer des « procédés qui vous semblent mal entendus, vous ne « rencontrez ni guides, ni gens qui vous comprennent... « L'or, au lieu de couler sur les campagnes qui nour- « rissent les villes, est jeté à pleines mains au luxe..... « Les mains qui applaudissent dans les théâtres et dans « les cirques laissent reposer les guérêts et les vigno- « bles... Ce n'est pas ainsi que les vrais descendants de « Romulus, endurcis par les exercices de la paix, se « firent des corps vigoureux et robustes, propres au « besoin à supporter les travaux de la guerre... Écou- « tez-en mon expérience : reprenez le manche de la « charrue, et vous me comprendrez. » Le *Traité d'agri- culture* de Columelle est composé de douze livres ; on y a joint un treizième livre qui a pour objet les arbres forestiers et fruitiers. Ces divers livres forment un en- semble complet sur la matière, et ils sont remplis d'excellents préceptes. Le style en est simple et précis. Le dixième chant est relatif à la culture des jardins et comble la lacune que Virgile avait lui-même indiqué exister dans ses *Géorgiques;* il est écrit en vers et ne manque pas d'agrément.

Les ouvrages de Caton, Varron et Columelle ont été traduits en français.

PLINE.

Pline l'Ancien naquit à Vérone ou à Côme, l'an 23 de J.-C. Il porta les armes dans sa jeunesse, prit ensuite part aux luttes du barreau, alla en Espagne en qualité de procurateur de l'empereur Vespasien, puis fut nommé préfet de la flotte de Misène. De ses nombreux ouvrages, il ne reste que son *Histoire naturelle* en trente-sept livres, vaste encyclopédie, variée comme la nature, pour les œuvres de laquelle l'auteur se montre plein d'enthousiasme. Les diverses parties de cet ouvrage peuvent être rangées sous trois chefs principaux : cosmographie et météorologie, géographie, histoire naturelle proprement dite. Plusieurs livres sont consacrés à l'agriculture; la botanique y occupe une large place.

Pline était un travailleur infatigable, avide d'étendre sans cesse le cercle de ses connaissances. On lui reproche d'avoir accueilli des erreurs avec une crédulité des plus naïves. Son style original a de la vigueur. Aucun des ouvrages écrits par les Grecs ne peut lui être comparé sous le rapport des sciences naturelles.

Pline mourut le 24 août 79, victime de son zèle pour la science, étouffé par les cendres du Vésuve dont il avait voulu contempler de près l'éruption : éruption terrible dont la cendre et la lave ensevelirent Gabie, Herculanum et Pompeïa.

L'*Histoire naturelle* de Pline a été traduite en français.

PALLADIUS.

PALLADIUS vivait, suppose-t-on, dans le IVe siècle après J.-C. Il a laissé un *Traité sur l'agriculture*, en quatorze livres. Dans le premier livre, il donne des conseils pour l'achat d'un domaine, l'emplacement de l'habitation et la distribution des diverses annexes. Après avoir examiné tout ce qui concerne les principes généraux, il fait connaître dans les douze livres suivants les travaux de chaque mois de l'année, en commençant par le mois de janvier ; le dernier, écrit en vers, traite de la greffe des arbres.

Palladius a joui d'une grande vogue au moyen âge. C'est lui qui le premier a écrit un véritable calendrier agricole.

Le traité de Palladius a été traduit en français.

CHAPITRE II

AGRICULTEURS FRANÇAIS

QUATORZIÈME SIÈCLE.

JEHAN DE BRIE.

JEHAN, qui commença par être simple berger, est l'auteur du plus ancien livre d'agriculture publié en France. Il vint à Paris, où son esprit supérieur le fit nommer ministre de Charles V. C'est à la requête de ce roi, protecteur des belles-lettres, qu'il écrivit, en 1379, son petit livre rempli d'instructions judicieuses sur son ancien état. Cet ouvrage est extrêmement rare. L'édition de 1542 porte ce titre : *Le vray régime et gouvernement des bergers et bergères, composé par le rustique Jehan de Brie, le bon berger.* Jehan de Brie était né dans l'ancienne province de Brie, à Billiers-sur-Rougnon, en la châtellenie de Coulommiers (Seine-et-Marne).

SEIZIÈME SIÈCLE

ESTIENNE, LIÉBAULT & LIGER.

Charles Estienne appartenait à la célèbre famille des savants imprimeurs de ce nom. Il était le troisième fils d'Henri Estienne. Il était né en 1504, et mourut en prison, pour dettes, en 1564. Il était docteur en médecine, et l'ambassadeur Baïf le choisit pour être le précepteur de son fils Antoine. Lorsque son frère Robert fut forcé de s'exiler à la suite des démêlés religieux, il prit la direction de son imprimerie. Il publia, en 1554, son *Prædium rusticum,* œuvre de compilation qui a joui d'une grande vogue, mais dans laquelle on a relevé beaucoup d'erreurs.

Le médecin Liébault, qui avait épousé la fille d'Estienne, fit paraître, en 1564, la traduction que Charles Estienne avait faite de son *Prædium rusticum,* sous ce titre : *L'Agriculture et la Maison rustique,* in-4°. Liébault y fit de notables additions. Il était né vers 1535, et mourut à Paris presque d'inanition, sur une pierre sur laquelle il avait été obligé de s'asseoir dans la rue Gervais-Laurent.

Louis Liger (1658-1717) a refondu et augmenté cet ouvrage, sous le titre suivant : *Économie générale de la campagne* ou *Nouvelle Maison rustique,* 1700, 2 vol. in-4°. On lui doit plusieurs traités sur le jardinage.

BERNARD PALISSY.

Bernard Palissy est un de ces hommes qui ne sortent de la foule où leur sort les avait confondus que par les seules forces de leur génie naturel. Artiste, géologue et agronome, tels sont les titres attachés à son nom. Il naquit, vers 1510, dans l'Agenais. Son père, qui était un petit bourgeois, lui fit donner quelque instruction. Comme il le dit lui-même, il n'avait pas appris le latin. D'abord arpenteur, il devint peintre sur verre. Un jour, la vue d'une coupe tournée et émaillée excita en lui le désir d'en confectionner de semblables. Mais il ne s'agissait pas seulement d'utiliser habilement les matériaux qu'il avait à sa disposition ; il lui fallait encore trouver le secret de l'émail. La Saintonge, où il était venu et où il s'était marié, fut le théâtre de ses travaux. Il construisit des fours, mais n'obtint longtemps que des déceptions. Il dépense tout son avoir ; ses voisins le traitent de fou. Pour le consoler, sa femme n'a que des reproches à lui adresser. Son ouvrier l'ayant abandonné, il tourne seul le moulin à broyer qui nécessitait le travail de deux hommes. Il n'a plus de bois ; il brûle ses meubles et jusqu'au plancher de sa chambre. Voilà seize années d'efforts continus ; il est d'une maigreur affreuse : il porte dix ans de plus qu'il n'a réellement. Qu'importe ? Il a obtenu l'émail qu'il cherchait, et il est parvenu à le fixer sur des vases en terre ; ses œuvres se vendent. Ces lignes ne résument que trop brièvement le récit qu'il nous a laissé dans son *Art de la terre,* et qui restera à jamais au nombre des pages les plus frappantes dans l'histoire de l'humanité laborieuse et souffrante.

Nous retrouvons Bernard Palissy à Paris, où la protection royale l'a fait venir. Dans l'ouvrage qu'il publie, en 1580, il ajoute à son nom la qualité d'*inventeur des rustiques figulines du roy et de la reine sa mère* (Henri III et Catherine de Médicis). Le mot figuline est tiré du mot latin *figulina,* qui signifie poterie de terre.

Il a formé un cabinet « auquel l'on verra, dit-il, des « choses merveilleuses, qui sont mises pour témoi-« gnage et preuve de mes écrits. » Bien plus, « si après « l'impression du livre, dit-il encore, il se présente « quelqu'un qui ne se contente d'avoir vu les choses « escrites en son privé et qu'il désire avoir une ample « interprétation, qu'il se retire par devers l'imprimeur, « et il lui dira le lieu de ma demeurance, auquel on « me trouvera toujours prest à faire lecture et démons-« tration des choses contenues iceluy. »

Les savants modernes ont loué les vues justes et profondes qu'il a consignées dans ses ouvrages, écrits avec un style simple, d'une grande clarté et qui ne manque pas de vivacité. Son livre, a dit Cuvier, contient l'embryon de la géologie moderne. Il est, d'après J. Geoffroy Saint-Hilaire, le premier auteur de la détermination de ces corps, organes fossiles, preuves de l'ancienne submersion des continents.

L'histoire agricole n'oublie pas qu'après avoir constaté les bons effets produits par la chaux et la marne pour amender les terres, il a grandement insisté sur leur emploi. « La marne, a-t-il écrit, est un fumier

« naturel et divin, ennemi de toutes plantes qui vien-
« nent d'elles-mêmes, et génératrice de toutes semences
« qui ont été mises par les laboureurs (1). » Après avoir
publié, en 1557, une *Déclaration des abus* et *igno-
rances des médecins*, il fit paraître en 1563 : *Recepte
véritable par laquelle tous les hommes peuvent apprendre à multiplier et augmenter leurs trésors;*
il y traite des engrais, de la formation des pierres, etc.;
en 1580 : *Discours admirables de la nature des
eaux et des fontaines, tant naturelles qu'artificielles,
avec plusieurs autres excellents secrets des choses
naturelles, plus un traité de la marne fort utile et
nécessaire pour ceux qui se mêlent d'agriculture,
le tout dressé par dialogues auxquels sont intro-
duits la théorique et la pratique.*

Bernard Palissy avait embrassé la religion protestante dont il fut un fervent adepte ; ce fut la cause de
plusieurs persécutions auxquelles il n'échappa que
grâce à l'intervention royale. Mais lorsqu'après la
journée des barricades, en 1588, les ligueurs se furent
emparés de Paris, il fut jeté dans les prisons de la Bas-
tille. Il y finit obscurément ses jours en 1590. La postérité s'est généreusement chargée de venger sa mémoire,
en inscrivant dans les fastes de notre pays ses droits à
l'immortalité, et en lui élevant une statue sur l'une des
places de Saintes (Charente-Inférieure).

(1) C'est à Palissy qu'on doit l'invention de la tarière qui sert
à découvrir les marnes.

OLIVIER DE SERRES, SEIGNEUR DU PRADEL.

Olivier de Serres (*fig.* 1) naquit en 1539, dans le

Fig. 1. — Olivier de Serres.

Vivarais, à Villeneuve-de-Berg (Ardèche). Sa femme, Marguerite d'Harcous, lui apporta en dot le manoir et la terre du Pradel. Son père avait embrassé la religion protestante, et lui-même fut envoyé à Genève par ses concitoyens, pour demander un ministre calviniste. Mais quelle part prit-il à ces guerres de religion, véritables luttes de partis politiques qui ensanglantèrent les règnes des derniers Valois ? Les mémoires du temps ne fournissent rien de précis à cet égard, et dans ses écrits il ne s'est pas non plus nettement expliqué. A l'en croire, retenu par ses affaires, et d'accord en cela avec ses inclinations qui le portaient vers les champs, il a passé une bonne partie de ses meilleurs ans, durant les guerres civiles de ce royaume, cultivant sa terre par ses serviteurs. « Ma maison, ajoute-t-il, a été plutôt un logis de « paix que de guerre. » Toujours est-il que son âme, fatiguée des dissensions intestines, déplorait amèrement l'état de souffrance où se trouvait l'agriculture « en ces « temps si désordonnés, où les fruits étaient à charge, « même à ceux qui les recueillaient, par crainte de « fomenter leur ruine, servant de nourriture à leurs « ennemis. » Aussi, après avoir pendant de longues années cultivé, observé, quand le moment fut propice, il livra à la publicité le résultat de ses travaux. Son ouvrage capital fut précédé d'une brochure intitulée : *De la cueillette de la soye par la nourriture des vers qui la font*, pour répondre au désir de Henri IV. Le roi songeait à affranchir la France du tribut de quatre millions d'écus d'or qu'elle payait à l'Italie, et il voulait développer largement la culture du mûrier et l'industrie séricicole. Aussitôt il ordonna que « des

« mûriers fussent placés par tous les jardins de ses
« maisons. »

En vain son ministre Sully s'opposait à ces « ba-
« bioles. » Henri IV n'en persévéra pas moins dans
ses intentions. « Sa Majesté, dit Olivier de Serres, me
« fit l'honneur de m'écrire pour m'employer au recou-
« vrement desdits plants, où j'apportai une telle dili-
« gence, qu'au commencement de l'année 1601, il en
« fut conduit 15 à 20,000 pieds, lesquels furent plantés
« en divers lieux, dans les jardins des Tuileries, où ils
« se sont heureusement élevés. » Evidemment l'élevage
des vers à soie ne pouvait réussir sous toutes les lati-
tudes de la France ; néanmoins, c'est de cette époque
que date l'essor brillant que prit cette industrie agricole, source abondante de richesse pour les populations
d'une grande partie de la vallée du Rhône.

C'est l'année suivante, en 1600, que parut dédié au
Roi le *Théâtre d'agriculture et mesnage des champs.*
Cet ouvrage eut un succès prodigieux ; il devint le livre
de l'agriculteur. Henri IV se le fit apporter après son
dîner pendant trois ou quatre mois, et il le lisait une
demi-heure.

Le domaine du Pradel, situé au milieu d'une plaine
fertile et abritée par des collines, permet des cultures
très-variées. Aussi le *Théâtre d'agriculture* embrasse-
t-il les matières agricoles dans leur généralité ; il
comprend les cultures nouvelles pour le temps, et que
le seigneur du Pradel voulait vulgariser, après en avoir
fait l'essai sur son domaine. De chaque page de cet
ouvrage s'exhale comme un parfum qui attire vers les
champs. Son style est plein de charme lorsqu'il vante

la beauté de la campagne, la sérénité du ciel. Comme il prend soin d'indiquer tout ce qui peut rendre le séjour des champs plus agréable, et comme il s'élève lorsque, dans sa péroraison, il demande à Dieu que l'agriculture fleurisse toujours en France !

La vingt et unième édition du *Théâtre de l'agriculture*, publiée par les soins de la Société d'agriculture de la Seine, en 1804, 2 vol. in-4°, est très-complète et conforme au texte primitif.

Le style de cet immortel ouvrage mérite d'être rapproché du langage pittoresque de ces écrivains qui font la gloire du XVIe siècle.

Olivier de Serres est mort le 2 juillet 1619. Une statue lui a été élevée à Villeneuve-de-Berg. C'est lui qui le premier a jeté, comme a dit Arthur Young, les fondements de l'amélioration du royaume ; aussi l'a-t-on appelé le patriarche de l'agriculture française.

DE SULLY.

Maximilien de Béthune, baron de Rosny, puis duc de SULLY, naquit le 13 décembre 1560, à Rosny (Seine-et-Oise). L'ami, le ministre du bon roi Henri IV, qui voulait que le paysan eût chaque dimanche sa poule au pot, doit figurer au premier rang parmi les hommes politiques qui ont secondé leurs souverains dans leurs efforts pour favoriser la prospérité de l'agriculture. On a souvent cité ces paroles qu'il se plaisait à répéter : « Labourage et pâturage sont les deux mamelles qui « nourrissent la France, les vraies mines et trésor du « Pérou. » Il chercha à diminuer les charges qui pesaient sur elle ; il permit l'exportation des grains et des vins. Les habitants des campagnes trouvaient en lui une protection assurée contre les dévastateurs. Son amour pour l'agriculture le rendait partial contre l'industrie. Nous avons dit, en parlant d'Olivier de Serres, que Henri IV eut à lutter contre son ministre, lorsqu'il voulut établir les plantations qui alimenteraient l'industrie séricicole. « Cette vie sédentaire des manufactures, « disait-il, ne peut faire de bons soldats. »

Sully, avant de se distinguer par son habile administration des finances, s'était fait remarquer par son courage. A la bataille d'Ivry, il eut deux chevaux tués sous lui, reçut un coup de lance, deux coup d'épée et deux balles.

Il appartenait à la religion protestante. Il mourut dans son château de Villebon, près de Chartres (Eure-et-Loir), le 22 décembre 1641.

Ses *Mémoires des sages et royales œconomies d'estat de Henry-le-Grand* contiennent le tableau des règnes de Charles IX, Henri III et Henri IV. L'histoire de ce dernier y occupe la plus grande place.

On y trouve mêlées les habitudes de ce prince à des considérations sur les affaires publiques. La manière que Sully a adoptée lui a permis de se donner des éloges ; il suppose que ses secrétaires lui racontent l'histoire de sa propre vie.

DIX-SEPTIÈME SIÈCLE

LE NOTRE.

Le grand siècle auquel Louis XIV a donné son nom a réuni toutes les gloires. Aux grands guerriers, aux grands écrivains, aux grands artistes se joint André Le Nôtre, qui a laissé dans l'art des jardins la marque d'un génie supérieur. Il naquit à Paris en 1613. Son père était intendant des jardins des Tuileries. Il lui fit étudier la peinture. Chose rare ! le jeune André voulut embrasser la profession paternelle. Il lui succéda dans son emploi.

Louis XIV, qui savait se servir de tous les talents distingués, le choisit pour créer le parc de Versailles, champ vaste où il put librement réaliser ses grandes conceptions. On raconte que Le Nôtre présenta au même moment plusieurs plans à Louis XIV ; comme leur beauté allait en augmentant : « Exécutez-le, disait cha-
« que fois le Roi, je vous accorde 20,000 livres de plus.
« — Je m'arrête, répondit Le Nôtre ; si je continuais, je
« ruinerais Notre Majesté. »
Malgré les difficultés du terrain, Le Nôtre créa une œuvre grandiose, et, comme l'a dit Delille :

> L'art peut donc subjuguer la nature rebelle,
> Mais c'est toujours en grand qu'il doit triompher d'elle.
> Son éclat fait ses droits ; c'est un usurpateur
> Qui doit obtenir grâce à force de grandeur.

Le parc de Versailles est son plus bel ouvrage. Il

restera comme le chef-d'œuvre du genre régulier dési-
gné sous le nom de genre français : parterres autour du
château, vastes massifs d'arbres de haute futaie bordés
de charmilles, longues avenues qui représentent des
lignes et des masses architecturales, tracés droits,
courbes bornées et employées presque uniquement autour
des bassins construits pour les jets d'eau, tapis de ver-
dure, absence de pelouses parsemées d'arbres.

Le Nôtre dessina aussi le parc du grand Trianon,
celui du château de Clagny pour Mme de Montespan, de
Vaux pour le ministre Fouquet, ceux de Saint-Cloud,
Meudon, Sceaux, Rambouillet, le parterre du Tibre au
palais de Fontainebleau, remania le jardin des Tuileries, et y planta les marronniers. La promenade de la
Hotoie à Amiens, de nombreux parcs royaux et prin-
ciers, et bien d'autres jardins, ornements de châteaux
particuliers, sont encore ses créations.

En 1675, le roi lui accorda des lettres de noblesse et
voulut lui donner des armoiries. Le Nôtre refusa de
changer les siennes. C'étaient trois limaçons surmontés
d'une pomme de chou. « Sire, ajouta-t-il, pourrais-je
« oublier ma bêche ? Combien elle doit m'être chère !
« N'est-ce pas à elle que je dois les bontés dont Votre
« Majesté m'honore ? »
Il mourut à Paris en 1700.

DE LA QUINTINIE.

Ce que Le Nôtre fit pour les jardins d'agrément, Jean
DE LA QUINTINIE le fit pour les jardins potagers et frui-
tiérs. Il commença par exercer la profession d'avocat

à Paris. Le succès de ses plaidoiries attira sur lui l'attention d'un président en la Chambre des comptes, qui lui proposa d'être le précepteur de son fils. Après avoir fait un voyage en Italie avec son élève, et où il avait admiré les beaux jardins de ce pays, il s'adonna dans les loisirs que lui laissait son emploi à l'art du jardinage. Le prince de Condé voulut recevoir des leçons de lui. Ses études en ce genre lui firent une réputation qui lui valut de la part du roi d'Angleterre, Jacques II, la proposition de venir se fixer à Londres. Il refusa. Louis XIV l'appela à Versailles pour créer un potager en remplacement de celui de Louis XIII, qui avait été détruit par les nouvelles constructions.

Ce fut l'architecte Mansard qui fit choix de l'emplacement du nouveau potager. L'endroit était convenable pour les promenades du roi, et du terrain en lui-même on ne s'inquiéta nullement. C'était un ancien étang qui avait été desséché. On le combla avec du sable retiré de la pièce d'eau des Suisses. Par-dessus on mit des terres provenant des hauteurs de Satory, et quand l'eau était abondante, par son séjour prolongé, elle les transformait en bouillie ou en mortier.

La Quintinie nous a raconté comme il surmonta ces difficultés. Il fit faire un aqueduc pour recevoir les eaux de la montagne, disposa les carrés du jardin en pente, en y mêlant du fumier pailleux ; et à un coin de chaque carré, il établit des conduits communiquant à l'aqueduc qui déversait les eaux dans la pièce d'eau des Suisses. « C'est ainsi, dit-il, que je triomphai de ces terres qui « étaient de la nature de celles qu'on ne voudrait trou- « ver nulle part. »

Il divisa le potager en vingt-neuf jardins limités par des murs de refend. Dans les parties abritées, il planta des arbres fruitiers précoces, n'oublia pas des figuiers. La figue était le fruit de prédilection de Louis XIV. Il construisit des serres chaudes. Il obtenait des asperges en décembre, des radis en janvier, des fraises au commencement d'avril, des pois en mai, des melons en juin.

Louis XIV venait souvent converser avec La Quintinie, et sous sa direction il s'exerçait à la taille des arbres. Il l'avait nommé directeur général des jardins fruitiers et potagers de toutes les maisons royales.

En relevant sur les registres des dépenses des bâtiments du Roi, dit M. Leroi dans son *Histoire de Versailles*, les diverses sommes payées pour l'établissement du potager depuis 1678, où l'on a fait les premiers travaux de comblement de l'étang, jusqu'à l'année 1688, date de la mort de La Quintinie, nous avons trouvé que la somme totale s'élevait à 1,477,231 livres 1 sol 5 deniers.

La Quintinie créa encore des potagers dans les parcs de plusieurs grands seigneurs.

Il était né à Chabanais (Charente), en 1626. Après sa mort, on a publié l'ouvrage qu'il écrivit sous le titre ci-après : *Instructions pour les jardins fruitiers et potagers, avec un traité des orangers, suivies de quelques réflexions sur l'agriculture*, 2 vol. in-4°.

VANIÈRE.

Jacques VANIÈRE naquit à Caux, près de Béziers (Hérault), en 1664. Il appartenait à l'ordre des jésuites. Professeur de rhétorique dans plusieurs colléges, il se fixa à Toulouse (Haute-Garonne), où il mourut en 1739. Dans son poème intitulé : *Prædium rusticum*, divisé en seize livres et écrit en latin, il a chanté les travaux et la vie des champs. Chaque partie est traitée avec beaucoup de détail. Le charme des descriptions en fait un ouvrage plein d'agrément. « Ce qu'on ne saurait « trop admirer dans Vanière, dit Delille, c'est qu'il « loue la campagne de bonne foi, qu'il peint ce qu'il « aime, et qu'il fait passer dans l'âme des lecteurs le « sentiment qui l'anime. » Cet ouvrage a été traduit en français en 1756, par M. Berland d'Alouvry, sous le titre d'*Économie rurale*.

DE RÉAUMUR.

René-Antoine FERCHAULT DE RÉAUMUR est né à La Rochelle (Charente-Inférieure), le 28 février 1682. Après avoir fait son droit à Bourges, sa fortune lui permettant de suivre ses goûts, il se livra à l'étude des sciences vers lesquelles le portait son esprit observateur. La première période de sa vie se rattache à des travaux sur l'art industriel. C'est à lui qu'on doit la fabrication en France de l'acier et du fer-blanc. Le verre opaque est de son invention. Mais l'ouvrage qui immortalise son nom est intitulé : *Mémoires pour servir à l'histoire des insectes*, 6 vol., 1734-1742. Ces mémoires, où se révèle à chaque page l'observation exacte s'étendant jusqu'aux moindres détails, comprennent les chenilles, les papillons, les teignes, les pucerons, les mouches et les abeilles.

Il continuait son œuvre, lorsqu'une chute qu'il fit à sa

terre de Brémontier, dans le Maine, hâta sa fin qui arriva le 17 octobre 1757. Il avait formé de très-belles collections qu'il légua à l'Académie des sciences, dont il était membre. Réaumur a aussi publié des mémoires sur les coquillages, sur l'éclosion des œufs au moyen de la chaleur artificielle, sur la conservation des œufs en les enduisant d'un corps gras. En 1731, il construisit un thermomètre auquel son nom est resté attaché. Il avait divisé en 80 degrés la dilatation que subit l'alcool entre la température de la glace fondante et celle de l'eau en ébullition. Depuis, on a préféré le thermomètre centigrade. Réaumur a été, au siècle dernier, le promoteur du grand mouvement des esprits vers les sciences naturelles.

DIX-HUITIÈME SIÈCLE

DUHAMEL DU MONCEAU.

Henri-Louis DUHAMEL DU MONCEAU est né à Paris en 1700 ; il y est mort le 23 août 1782. Ses nombreux travaux embrassent la marine et les arts, l'arboriculture et l'agriculture. Les uns lui ont été suggérés par les fonctions qu'il remplissait : il était inspecteur de la marine ; les autres lui ont été inspirés par les occupations qu'il s'était créées à son gré. Il avait suivi les cours du Jardin-des-Plantes. C'est à sa terre du Gâtinais qu'il fit ses études agronomiques. On a de lui les ouvrages suivants : *De la physique des arbres ; Traité des arbres et des arbustes qui se cultivent en pleine terre ; Traité de la conservation des grains et en particulier du froment ; Éléments d'agriculture,* abrégé de son *Traité* en 6 vol. in-12; *De la culture des terres,* d'après le système de l'Anglais Jéthro Tull, qui remplaçait les engrais par des labours multipliés ; *Traité des arbres fruitiers,* contenant leur figure, leur description et leur culture, 2 vol. in-4°, rédigés d'après ses notes et celles de son frère, par l'abbé Le Berryais, année 1768.

Duhamel était membre de la Société d'agriculture de Paris et de l'Académie des sciences.

Un jeune marin fit une question à Duhamel, qui répondit : « Je ne sais pas. — A quoi donc sert d'être de l'Académie des sciences? » répliqua-t-il. Et il voulut donner l'explication que le savant n'avait pas pu fournir. Comme il s'embrouilla complètement : « Voilà « précisément à quoi sert d'être de l'Académie, répartit « Duhamel, c'est à ne jamais parler que de ce que l'on « sait bien. »

DE BUFFON.

Jean-Louis LECLERC, comte de BUFFON, grand naturaliste et l'un des quatre plus grands écrivains du XVIIIe siècle, est né à Montbard (Côte-d'Or), le 7 septembre 1707. Pendant un assez long voyage qu'il fit en France, en Suisse et en Italie, les divers tableaux que la nature offrit à sa vue frappèrent son imagination. Il alla ensuite en Angleterre, où il se mit à traduire des ouvrages scientifiques. De retour en France, il se livra à l'étude des mathématiques et de la physique. A l'âge de vingt-six ans, il était nommé membre de l'Académie des sciences. En 1739, Louis XV le nomma intendant du *Jardin des plantes*, qu'on appelait alors *Jardin du roi*. Il l'embellit et accrut son importance. C'est là qu'il prépara les matériaux avec lesquels il devait construire ce vaste monument de l'*Histoire naturelle*. Il y travailla assidûment pendant cinquante années, dans son agreste solitude de Monthard. De 1749 à 1788, trente-six volumes parurent.

Cette œuvre n'est cependant pas le tableau de la nature entière, comme Buffon en avait le dessein. Il comprend l'histoire des quadrupèdes, des oiseaux et des minéraux. Ces diverses parties sont précédées de la *Théorie de la terre*, les *Idées générales sur les animaux*, l'*Histoire de l'homme* et les *Études de la nature*.

Buffon eut pour collaborateur Daubenton, qui se chargea de la partie anatomique de l'histoire des quadrupèdes. Malheureusement Buffon, poussé par la jalousie, rompit les liens d'amitié qui les unissaient. Gueneau de Montbelliard, Bexon, Sonnini, devinrent ses collaborateurs pour l'histoire des animaux, mais ils étaient loin d'avoir le talent de Daubenton.

On a justement reproché à Buffon des hypothèses hasardées. Du moins a-t-il le mérite d'avoir réuni des connaissances éparses avant lui et de les avoir popularisées par ses magnifiques descriptions.

« Après lui, dit M. de Barante, les sciences com-
« mencèrent à s'éloigner des voies qu'il avait suivies :
« elles entrèrent sous la domination presque absolue

« de l'expérience ; elles perdirent le caractère contem-
« platif, pour acquérir le caractère de l'observation rai-
« sonnée. Dans cette carrière, elles ont fait de rapides
« progrès, elles sont devenues pratiques, elles se sont
« alliées aux arts ; l'ambition des savants a aspiré à des
« découvertes moins importantes, mais ils ont pu y
« atteindre d'une manière plus sûre. »

Le soin, le temps, ces collaborateurs indispensables
de toute œuvre durable, ne lui ont pas fait défaut. Son
langage est harmonieux, noble, et conforme au sujet
qu'il traite. On peut lui appliquer ce vers à l'adresse
d'un autre grand écrivain :

> Il peignit la nature et garda ses pinceaux.

Aussi son talent littéraire lui mérita-t-il un fauteuil
à l'Académie française. Le discours sur le style, qu'il
y prononça le 25 août 1753, est resté l'un des plus célèbres discours de réception.

Buffon était membre de la Société d'agriculture de
Paris.

De son vivant, il vit sa statue s'élever au Jardin du
roi, à l'entrée du Muséum.

Il mourut à Paris, le 16 avril 1788 ; il n'eut pas la
tristesse de voir les horreurs de la Révolution et son
fils unique entraîné à l'échafaud.

DAUBENTON.

La gloire dont brille le nom de Buffon est loin de
rejeter dans l'ombre celui de son compatriote et colla-

borateur. DAUBENTON, esprit calme, investigateur pa-
tient, a laissé des descriptions anatomiques qui perpé-
tueront sa mémoire. Il exerçait la médecine à Montbard,
lorsque Buffon le fit venir à Paris pour l'adjoindre à
ses travaux, et comme nous l'avons dit, il coopéra à
l'histoire naturelle des animaux.

Dès 1744, il entrait à l'Académie des sciences. L'année suivante, il reçoit sa nomination de garde et de dé-
monstrateur du cabinet d'histoire naturelle au Jardin
du roi. Il devient professeur d'histoire naturelle, ce qui
ne l'empêche pas, en 1783, d'enseigner en même temps
l'économie rurale à l'École vétérinaire d'Alfort. Il professa ensuite la minéralogie au Muséum. Lorsque Buffon
eut rompu avec lui, Daubenton n'en continua pas moins
de se livrer à ses études d'histoire naturelle. C'est ainsi
que le résultat de ses observations sert encore de base
à l'anatomie comparée. Ces mots d'anatomie comparée
nous rappellent l'anecdote sur *le grand os* trouvé à
Paris, en 1762. Oh ! assurément, disait-on, cet os pro-
venait d'une race de géants disparue ou dont la race
actuelle n'était plus que la descendance dégénérée !

Daubenton, avec le flambeau de la science, dissipa
l'erreur en démontrant que ce prétendu os de géant
n'était autre qu'un os de girafe.

Mais l'agriculture proprement dite lui est redevable
des efforts qu'il a faits pour l'amélioration des laines
au moyen de la race mérinos, introduite d'Espagne par
de Trudaine. Possesseur d'un lot de béliers à Montbard, il étudie les conditions hygiéniques au milieu desquelles ils doivent vivre, les avantages de leur alliance
avec les races indigènes ; il forme lui-même un berger,

met sa bergerie à la disposition des propriétaires, fait

Fig. 2. — Daubenton.

fabriquer des draps avec les laines qu'il a obtenues, et
rédige des instructions populaires sur la race ovine :

Instruction pour les bergers et les propriétaires de troupeaux, 1782; *Le premier drap de laine superfine obtenu en France; Catéchisme des bergers*, 1810.

En 1783, il devint membre de la Société d'agriculture de Paris.

Les honneurs ne lui ont pas manqué. Napoléon Ier lui offrit un siége au Sénat. La Société d'acclimatation lui a élevé une statue dans son jardin zoologique du bois de Boulogne. Il est représenté debout, caressant un mouton (*fig.* 2).

Il était né le 29 mai 1716; il est mort à Paris, le 1er janvier 1800.

DE TURBILLY.

Au nombre des hommes dont s'honore l'Anjou, figure DE TURBILLY. Son nom est intimement lié à l'histoire des défrichements; ses revers, dont il importe d'indiquer la véritable cause, l'ont rendu plus célèbre encore. Louis-François-Henri de Menon, marquis de Turbilly, naquit le 11 août 1717, au château de Fontenaille, commune d'Ecommoy (Sarthe). Il entra d'abord au service militaire en qualité de lieutenant. Mais la mort de son père, en 1737, le rappela au château de Turbilly, commune de Volandry (Maine-et-Loire), pour y gérer son patrimoine. L'état d'abandon des terres envahies par les bruyères lui avait fait dès son enfance une impression profonde, qui fit naître en lui un goût particulier pour l'agriculture. Dans les camps, et en prévision de l'avenir, il étudiait tous les livres qui traitaient des défrichements, et prenait des notes dans ses différents voyages en France et en pays étrangers. Mais pour accomplir cette œuvre entreprise avec une fortune ordinaire, il lui fallait des ouvriers, et il eut à lutter contre la paresse des habitants. Quelques-uns d'entre eux, montés sur des ânes, allaient mendier jusqu'à trente lieues de distance. Pour abolir la mendicité dans son canton, et non le paupérisme, car toujours, comme l'a dit une parole divine, il y aura des pauvres parmi nous, il fit dresser un état exact de la validité de chacun, et après avoir assuré aux uns le secours de la charité, il offrit du travail aux autres.

Le jeune de Turbilly ne se laissa point rebuter par les obstacles. Chaque année il vit s'accroître l'étendue de terre défrichée autour du château, auquel aboutirent de nouvelles avenues. La guerre l'arrache pendant sept années à ses pacifiques travaux ; il revient avec le grade de lieutenant-colonel et reprend la direction de son entreprise, à la tête de laquelle il avait mis un ancien domestique. Il continue ses défrichements, améliore les intruments aratoires dont il se servait, et invente une sonde, afin de bien connaître le sol qu'il voulait livrer à la culture.

Sa réussite engagea les propriétaires et fermiers voisins à l'imiter. Pour mieux exciter leur zèle, il fonde deux prix d'agriculture consistant en une médaille accompagnée d'une somme d'argent, l'un destiné à celui qui aurait le plus beau froment, l'autre à celui qui aurait le plus beau seigle. Cinq habitants nommés par leurs concitoyens forment le jury, et sur leur rapport, le noble châtelain remet les prix aux lauréats, à l'issue de la grand'messe, au milieu de la population réunie devant l'église. Cette cérémonie, qui eut lieu pour la première fois le 15 août 1755, doit être regardée comme le premier comice agricole. Ces encouragements locaux qu'il se félicitait d'avoir établis le portèrent à demander avec instance l'établissement de Sociétés d'agriculture dans toute la France, qui distribueraient des prix annuels et qui correspondraient avec une Société centrale dont le siége serait à Paris. Aussi lorsque celle-ci fut créée, le 1er mars 1761, de Turbilly compta-t-il parmi les membres fondateurs.

Son *Mémoire sur les défrichements*, qu'il publia en 1760, comprend deux parties : la première est un traité sur la matière ; la seconde contient le récit de ses travaux, l'exposition de réformes qu'il demande, afin de dégrever l'agriculture. Cet ouvrage répandit son nom à l'étranger. Arthur Young, qui l'avait lu avec un vif intérêt, voulut, en 1788, visiter la terre de Volandry.

Malheureusement, de Turbilly, dans son dévoûment au bien public, tenta une autre entreprise qui devait être la cause médiate de sa ruine. A quelques lieues de chez lui se trouvait un vaste terrain en grande partie couvert de landes et de marais, la vallée de l'Authion. Il obtint du roi Louis XV la concession de ce terrain, afin de le mettre en culture. Les usagers réclamèrent ; des procès s'ensuivirent pendant huit années, au bout desquelles de Turbilly, perdant sa cause, dut payer des frais énormes. Si l'on songe à son domaine qui souffrit de ses préoccupations et de ses absences, à la manufacture de porcelaine qu'il établit après avoir trouvé sur sa propriété une terre propre à cet emploi, et à sa fabrique de savon, l'on s'expliquera facilement l'impossibilité où il fut de satisfaire ses créanciers.

Par reconnaissance cependant pour ses services, ils ne firent vendre ses biens qu'après sa mort, qui arriva à Paris, le 25 février 1776.

BOURGELAT.

Claude BOURGELAT est né à Lyon (Rhône), en 1717. Après avoir exercé la profession d'avocat, il entra dans les mousquetaires. Habile écuyer, il aimait beaucoup les chevaux. Ce goût devait décider du reste de sa vie. Frappé du manque général de connaissances dans l'art vétérinaire, qui n'était représenté que par l'empirisme du maréchal ferrant, il résolut de créer, avec la science pour base, cette branche de l'art vétérinaire qu'on appelle hippiatrique et qui a pour objet le traitement des animaux domestiques. A cette fin, il obtint la création d'une école vétérinaire à Lyon ; ce fut la première instituée en France. L'ouverture eut lieu le 1er janvier 1762. Comme les fonds que lui allouait le gouvernement étaient insuffisants, il n'hésita pas à contribuer à cette utile institution de ses propres deniers. En 1700, il fonda l'école vétérinaire d'Alfort (Seine). Ses écrits embrassent diverses branches de cet art si profondément ignoré avant lui, principalement l'étude du cheval. On a de lui : *Eléments d'hippiatrique* ou *Nouveaux principes sur la connaissance et la médecine des chevaux.* Son meilleur ouvrage, publié en 1789, a pour titre : *Traité de la conformation extérieure du cheval, de sa beauté et de ses défauts.*

Bourgelat était membre de l'Académie des sciences. Il est mort le 3 janvier 1779.

TURGOT.

Anne-Robert-Jacques TURGOT, baron de l'Aulne, naquit à Paris le 10 mai 1727. Ministre de Louis XVI, il fut le protecteur de l'agriculture, comme Sully l'avait été au commencement du XVIIe siècle. L'un et l'autre amortirent les dettes de l'État et furent les chefs du mouvement économique qui signala leur époque.

En 1753, Turgot devint maître des requêtes et se lia avec des économistes distingués. Ses *Réflexions sur la formation et la distribution des richesses* datent de 1758. Nommé en 1761 à l'intendance de la généralité de Limoges, il rendit pendant treize ans de grands services à ces pays arriérés, surtout pendant les années de disette de 1770 et 1771. Turgot fit faire des routes nouvelles, allégea l'impôt de la taille, recommanda aux agents du fisc de traiter les paysans avec douceur, de s'occuper de leurs intérêts et de leurs besoins, et de se mettre en mesure de les soulager.

Il établit la liberté du commerce des grains, suspendit le privilége de la boulangerie, créa une école vétérinaire à Limoges, fit faire des distributions gratuites de graines, et contribua à l'introduction des prairies artificielles.

Le 20 juillet 1774, Louis XVI l'appela au ministère de la marine, puis au contrôle général des finances, où il accomplit d'utiles réformes. Il éprouva une opposition qui le fit éloigner du ministère en 1776 : « Je vois « bien, » avait dit précédemment le roi, en parlant du parlement, « qu'il n'y a ici que M. Turgot et moi qui « aimions le peuple. »

Turgot mourut en 1781. Il était membre de la Société d'agriculture de Paris.

Ses œuvres complètes ont été publiées en 1809.

VARENNE DE FENILLE.

Philibert-Charles-Marie VARENNE DE FENILLE naquit le 10 décembre 1730, à Dijon (Côte-d'Or), où son père était avocat. Après avoir fait son droit, la nature ne l'ayant pas doué du don de l'éloquence, il se tourna vers une autre carrière. Il obtint, à la mort de son grand-père, la place de receveur des tailles en Bresse. Indépendamment de cet office, il administra en même temps la terre du château de Fenille, près de Bourg (Ain), et dont son père avait fait l'acquisition. Cette occupation fit naître chez lui le goût de l'agriculture. Varenne de Fenille s'efforça d'améliorer les terres que cultivaient ses fermiers, mais la sylviculture devait être son étude favorite. Les pépinières que la province entretenait pour fournir des mûriers blancs pour la plantation des routes n'ayant pas donné d'heureux résultats, on mit en adjudication les fournitures annuelles. Ce fut Varenne de Fenille qui, faute de pépiniéristes soumissionnaires, accepta les conditions du bail d'après lequel il devait, au prix arrêté, fournir de jeunes arbres et en mettre à la disposition des particuliers.

Aux portes mêmes de Bourg, sur une étendue de près de dix hectares, il établit ses pépinières d'arbres forestiers et fruitiers, ayant eu soin de réserver la partie accidentée de ce terrain à un jardin d'agrément.

Aussi, quand la Société d'émulation de Bourg fut fondée, en 1783, Varenne compta-t-il aussitôt parmi ses membres les plus distingués. C'est là qu'il lut ses Mémoires sur les fermages, les bois, les étangs, et dont le mérite lui valut la place de conservateur de l'Ain.

En 1792, il publia des *Mémoires sur l'administration forestière et sur les qualités des bois indigènes ou qui sont acclimatés en France, auxquels on a joint la description des bois exotiques que nous fournit le commerce,* 2 vol. in-8°. C'est dans le premier volume qu'on trouve le traité sur l'aménagement des forêts, où il a exposé son excellente théorie du maximum simple d'accroissement et du maximum composé, qui permet de fixer d'une manière précise le moment le plus convenable pour faire les coupes.

En 1791, la Société d'agriculture de Paris le comprit au nombre de ses membres.

Varenne de Fenille s'adonnait uniquement à son travail sur les bois et à ses cultures, lorsque s'appesantit sur la France entière le régime de la Terreur.

Le 12 octobre 1793 il fut arrêté, mis en prison, et exécuté à Lyon le 14 février 1794. « Faire travailler des « ouvriers, employer des indigents, ont été mes seuls « délassements, » disait-il, dans une lettre qu'il écrivait pour sa défense au représentant du peuple. Qu'avait donc fait celui dont l'agriculture avait été la principale occupation? Il était riche et noble. On lui reprocha, en outre, d'avoir fait passer de l'argent aux émigrés.

ROZIER.

François Rozier est né à Lyon (Rhône), en 1734, d'une famille qui eut neuf enfants.

Il entra de bonne heure dans les ordres; mais, en se chargeant de régir pour le compte de son frère aîné une propriété située à Sainte-Colombe, sur les bords du Rhône, il sentit naître en lui un goût très-vif pour l'agriculture. Jeune encore, au reste, il s'était fait remarquer par son esprit d'observation. Dès que l'école vétérinaire de Lyon fut fondée, il s'empressa d'y entrer et y devint professeur à la place de Bourgelat. Victime de la jalousie de ce dernier, il retourna à Sainte-Colombe, continuer ses études d'histoire naturelle. En 1771, il vint à Paris, où il acheta la propriété du *Journal de Physique*. Sous la direction de Rozier, ce journal acquit une grande célébrité; on le regardait comme le meilleur de ce genre.

Le ministre Turgot l'envoya en mission en France et en Corse. Il voyagea dans les Pays-Bas et dans la Hollande.

En 1780, l'abbé Rozier acheta le domaine de Beau-Séjour, près de Béziers (Hérault), et dirigea lui-même cette exploitation. C'est là qu'il composa, sous forme de dictionnaire, son *Cours complet d'agriculture théorique et pratique*, 1781-1783, 9 vol. Cet ouvrage, encore estimé de nos jours, ne fut terminé qu'après sa mort, et, avec le supplément, il forme 12 volumes in-4°; le dernier volume a paru en 1805. Il a été refondu dans le dictionnaire de Déterville, 1809, 13 vol. in-8° : *Nouveau cours complet d'agriculture*, rédigé sur le plan de celui de Rozier, par Thouin, Parmentier, Tessier, Huzard, etc.; l'édition de 1821-22 comprend 16 volumes in-8°.

En 1786, Rozier renonça à sa propriété et revint à Lyon, où ses concitoyens lui déférèrent la direction de l'École pratique d'agriculture.

Il faut aussi rappeler, à l'honneur de Rozier, qu'il demanda auprès de l'Assemblée constituante et de l'Assemblée législative la création d'une école nationale d'agriculture et d'une ferme expérimentale dans les quatre grandes régions de la France.

Curé conventionnel d'une église de Lyon, il ne voulut pas, malgré les instances de sa famille, abandonner ses paroissiens, lorsque la ville eut à supporter un siége terrible pour s'être révoltée contre la Convention. Une bombe le tua dans son lit, pendant la nuit du 29 septembre 1793.

CHABERT.

Philibert CHABERT est né le 6 janvier 1737, à Lyon. Élève de l'école vétérinaire de cette ville, professeur en 1766 à l'école d'Alfort, il en devint directeur en 1780, à la place de Bourgelat. Plus tard, il fut nommé inspecteur général des écoles vétérinaires.

Chabert était membre de la Société d'agriculture de Paris et correspondant de l'Institut. Il est mort le 8 septembre 1814. On a de lui des traités sur *le charbon et la morve ;* un *Traité élémentaire et pratique sur l'engraissement des animaux domestiques,* 1805, in-12. Son dernier ouvrage a été terminé par Flandrin et Huzard ; il a pour titre : *Instructions et observations sur les maladies des animaux domestiques*, 1812-1824, 6 vol. in-8°.

PARMENTIER.

Le célèbre propagateur de la pomme de terre, Antoine-Augustin PARMENTIER, est né à Montdidier (Somme),

Fig. 3. — La pomme de terre.

le 17 août 1737. Il vint à Paris chez un pharmacien, son parent. En 1757, il fut attaché au service des hôpitaux de l'armée de Hanovre, où il déploya une grande activité. Il tomba plusieurs fois entre les mains de l'ennemi

et fut complètement dépouillé. « Il ne connaissait pas,
« disait-il, de plus habiles valets de chambre que les
« hussards prussiens. »

En 1766, il obtint au concours la place de pharma-
cien-adjoint à l'hôtel des Invalides ; six ans après, il
était nommé pharmacien en chef. En 1771, l'Académie
de Besançon proposa pour sujet de prix une étude sur
les végétaux nourrissants, qui dans les temps de disette
pourraient remplacer les aliments ordinaires. Son mémoire fut couronné. La pomme de terre (*fig.* 3) devint le
principal objet de ses travaux ; il publia un *Examen
chimique des pommes de terre*, 1773, in-12. Cette sola-
née était cultivée dans plusieurs parties de la France,
mais on l'abandonnait pour ainsi dire aux animaux. Bien
plus, on la regardait même comme un aliment insa-
lubre. Parmentier entreprit courageusement de dissiper
cette erreur, et de faire entrer largement les tubercules
de cette plante dans l'alimentation publique. Il obtint
du gouvernement la concession de cinquante-quatre ar-
pents dans la plaine des Sablons. C'était une plaine
aride qui servait aux revues. On y a bâti le village de
Sablonville, compris dans la commune de Neuilly-sur-
Seine. Il y planta des pommes de terre. Dès qu'elles
commencèrent à porter des fleurs, il en cueillit et alla
à Versailles les offrir à Louis XVI, qui en orna sa bou-
tonnière. Pour triompher de l'indifférence de la population parisienne, Parmentier eut recours à un strata-
gème. Il fit mettre des soldats autour du champ de
pommes de terre pour fixer l'attention du public. Lorsque
les plantes furent parvenues à leur maturité, il fit partir
les soldats, et le champ ne tarda pas à être dévasté.

Pour mieux faire apprécier cette nouvelle nourriture, il donna un grand dîner à l'hôtel des Invalides, où presque tous les mets provenaient de la pomme de terre accommodée de diverses manières. « On nous servit « d'abord, dit-il, deux potages : l'un de purée de nos « racines, l'autre d'un bouillon gras dans lequel le pain « de pomme de terre mitonnait assez bien sans s'émiet- « ter ; il vint après une matelote suivie d'un plat à la « sauce blanche, puis d'un autre à la maître d'hôtel, et « enfin un cinquième au roux. Le second service con- « sistait en cinq autres plats non moins bons que les « premiers : d'abord un pâté, une friture, une salade, « des beignets et le gâteau économique dont j'ai donné « la recette. Le reste du repas n'était pas fort étendu, « mais délicat et bon : un fromage, un pot de confitures, « une assiette de biscuit, une autre de tartes, et enfin « une brioche aussi de pommes de terre. Nous prîmes « après cela le café (aussi de pommes de terre). Il y « avait deux sortes de pain : celui mêlé de pulpe de « pommes de terre et de farine de froment, représentant « assez bien le pain mollet; le second, fait de pulpes de « pomme de terre avec leur amidon, portait le nom de « pâte ferme, etc. »

François de Neufchâteau proposa de changer le nom de pomme de terre en celui de *parmentière*. Cette dé- signation n'a pas prévalu. Mais s'est réalisé le projet que Parmentier avait formé, alors qu'en prison chez l'ennemi, il n'était nourri que de pommes de terre, de faire adopter l'usage de cet aliment qui est un des plus goûtés, et dont la culture généralisée a permis d'utiliser des sols pauvres. La question de l'alimentation publique n'a cessé de préoccuper Parmentier, et ses nombreux

Fig. 4. — Parmentier.

écrits roulent principalement sur ce sujet. Ainsi, grâce
à lui, la confection du pain reçut de grandes améliora-

tions : il propagea la mouture économique, dont l'emploi augmentait d'un sixième le produit de la farine. En 1778, il fit paraître *Le parfait boulanger* ou *Traité complet sur la fabrication du pain;* en 1812, *Le maïs ou blé de Turquie apprécié sous tous ses rapports.*

L'élévation du prix du sucre, par suite des guerres, le porta à étudier les moyens qui faciliteraient la fabrication d'un succédané. Le sirop de raisin rendit de grands services et dans les ménages et dans les hôpitaux.

Après la Révolution, Parmentier se trouva sans place; mais un homme comme lui était indispensable. On le nomma inspecteur général du service de santé, administrateur des hospices. Parmentier a fait preuve, dans ses fonctions, de son ardent amour pour l'humanité, qui avait toujours été le mobile de ses actions. Chez lui la rudesse des manières ne nuisait pas à la bonté du cœur. Dans ses dernières années, la maladie de poumons à laquelle il succomba, le 13 décembre 1813, avait assombri son caractère sans ralentir son activité.

Il était membre de l'Institut (Académie des sciences) et de la Société d'agriculture de Paris. On lui a élevé une statue à Montdidier (*fig.* 4).

BRÉMONTIER.

Nicolas Théodore BRÉMONTIER, inspecteur général des ponts et chaussées, membre de la Société d'agriculture de Paris, est né à Rouen (Seine-Inférieure), en 1738. Il mourut à Paris en 1809. L'envahissement continu des dunes du golfe de Gascogne, entre l'Adour et la Gironde, frappèrent son esprit observateur, la pensée lui vint de mettre un frein à ces monticules de sable qui s'avançaient, semblables aux flots de la mer soulevée par la tempête. Chaque année, ils gagnaient vingt-quatre mètres de terrain vers l'est, par conséquent vers Bordeaux, et avaient déjà voué à la stérilité une étendue de soixante lieues de long sur une lieue un quart de large. La grandeur et surtout la difficulté presque insurmontable de l'œuvre ne l'effrayèrent pas. Comment fixer la végétation sur ce sable toujours mouvant? Heureusement les dunes ne se formant qu'à quelque distance de la mer, il se trouvait un espace plane sur lequel les sables ne faisaient que glisser. C'est là qu'il fit ses semis de pins et de genêts. Pour les protéger, après plusieurs essais sans résultat, il les recouvrit de branches d'arbres verts, la tige tournée vers la terre, afin que les sables pussent glisser dans la direction des feuilles. Les branches étaient retenues par des crochets enfoncés dans le sable. Lorsque les branchages lui faisaient défaut, il établissait des clayonnages, des cordons de fascines disposés comme les cases d'un damier. Le semis se faisait dans ces cases.

Lorsque Brémontier mourut, il avait ensemencé 3,700 hectares de dunes. Napoléon Ier lui avait accordé un crédit annuel de 50,000 fr.

En 1818, au milieu de la vigoureuse végétation des forêts qu'il avait créées, un monument fut élevé à sa mémoire avec cette inscription : « L'an 1786, sous les « auspices de Louis XVI, M. Brémontier fixa le premier « les dunes et les couvrit de forêts. En mémoire du bien- « fait, Louis XVIII continuant les travaux de son frère, « éleva ce monument. »

DE BÉTHUNE DE CHAROST.

Le duc Armand-Joseph de BÉTHUNE DE CHAROST est né à Versailles (Seine-et-Oise), le 1ᵉʳ juillet 1738.

Avant de s'occuper d'agriculture, il était entré dans la carrière militaire ; toujours il se distingua par sa générosité. A la tête d'un régiment de cavalerie, il fut un chef valeureux et un chef supérieur, plein de sollicitude pour ses officiers et ses soldats. Il les aida souvent de sa bourse avec la délicatesse la plus grande. Lorsque l'armée en campagne était décimée par une affreuse épidémie, il fit établir à ses frais, près de Francfort, un hôpital qui a sauvé beaucoup de malades.

En 1763, la paix lui permit d'accomplir dans la vie civile des actes de bienfaisance sur une plus vaste étendue. Grand propriétaire, lieutenant-général de la Picardie, il mérita cet éloge tombé du trône : « Re-« gardez cet homme, disait Louis XV : il n'a pas beau-« coup d'apparence, mais il vivifie trois de mes pro-« vinces (la Bretagne, le Berri et la Picardie). »

Les bornes de cet ouvrage ne nous permettent pas de rappeler toutes les œuvres de Béthune-Charost. Essayons de choisir. Il fit ouvrir des routes dans le Berri, établit des ateliers pour ses anciens soldats à Ancenis (Loire-Inférieure). Devançant les idées de son temps, son libéralisme lui fit supprimer d'excessifs droits féodaux. Il plaça des enfants abandonnés chez des cultivateurs, organisa des services de santé et fonda un hôpital à Meillant (Cher), proposa des prix sur les moyens de combattre les épizooties, etc.

Malgré son dévouement maintes fois éprouvé pour le bien du pays, malgré des dons volontaires pour subvenir aux besoins de l'État, et dont nous rappellerons celui qu'il fit en 1758, autant pour le sacrifice d'une chose précieuse, son argenterie de famille, que pour les paroles qu'il prononça, lorsque son intendant regrettait de voir fondre de si belles pièces : « Je sacrifie « ma vie pour ma patrie ; je peux aussi sacrifier mon « argenterie ; » malgré cela, sous la Terreur, il fut jeté en prison où il passa six mois. Lorsque le père de l'humanité souffrante, comme l'appelle un des certificats de civisme qui lui fut délivré, retourna dans le Cher, il reprit ses travaux d'amélioration et son œuvre de bienfaisance. Il créa une Société d'agriculture à Meillant, introduisit dans son département des cultures inconnues, y importa les moutons mérinos, établit des filatures, et étudia avec beaucoup de zèle la question des canaux. Enfin, à Paris, il fut un des fondateurs de plusieurs institutions de charité, et mérita l'honneur d'être nommé maire du dixième arrondissement de la capitale.

Béthune-Charost est mort, victime de son amour pour l'humanité, le 27 octobre 1800. Il fut atteint de la petite vérole, en venant secourir les jeunes sourds-muets, dans l'établissement desquels cette maladie exerçait ses ravages.

Il appartenait à la Société d'agriculture de Paris.

On a de lui plusieurs ouvrages, entre autres : des *Vues générales sur l'organisation de l'instruction rurale* et des mémoires sur les *Moyens de détruire la mendicité et d'améliorer le sort des journaliers.*

CRETTÉ DE PALLUEL.

François CRETTÉ DE PALLUEL naquit à Drancy-les-Noues, près de Paris, le 31 mars 1741. Il est mort à Dugny (Seine), le 29 novembre 1798. Il n'avait que dix-huit ans, lorsque son père remit entre ses mains la direction d'une grande propriété. Son premier écrit *Sur la nourriture des chevaux* fut favorablement accueilli. En 1789, il fit paraître un *Mémoire sur le desséchement des marais, et de l'utilité qu'on peut retirer des marais desséchés, et particulièrement ceux du Laonnais,* in-8°, qui remporta un prix fondé par Béthune-Charost. On estime aussi son *Traité sur les prairies artificielles,* in-8°, 1801.

Cretté de Palluel a propagé la culture de la grande chicorée, du turneps, etc., a inventé des hachoirs, et a combattu l'usage de la jachère. Député à l'assemblée législative, il fut jeté en prison, d'où le firent sortir les instances des habitants de sa commune. Il exerça les fonctions de juge de paix, fonctions qu'il avait déjà remplies. La Société d'agriculture de Paris le comptait au nombre de ses membres.

TESSIER.

Au nom de TESSIER (Alexandre-Henri), on ajoute le nom d'abbé. Il ne fit qu'en recevoir le titre sans entrer dans les ordres. Il prit le grade de docteur en médecine auprès de la Faculté de Paris. Envoyé par Necker pour étudier, en Sologne, les maladies causées par l'ergot de seigle, cette mission décida de sa carrière. Appuyé par Malherbe, il obtint, par l'entremise de d'Angiviller, la direction de l'établissement agricole de Rambouillet. A cette époque de sa vie se rattachent les nombreuses expériences qu'il fit sur la culture du froment et de ses variétés. En 1786, Louis XVI ayant reçu du roi d'Espagne, Charles III, un troupeau de moutons mérinos (*fig.* 5), le confia aux soins de Tessier. Le roi venait souvent à Rambouillet s'entretenir avec le directeur qu'il tenait en grande estime. Tessier s'attacha à conserver ce troupeau pur de tout croisement, afin de recueillir en France des laines qui pourraient soutenir la comparaison avec celles obtenues en Espagne.

En 1783, il fut reçu membre de l'Académie des sciences et de la Société d'agriculture de Paris, dont il devint secrétaire perpétuel. En 1792, il fonda les *Annales de l'agriculture française*. Cette publication, interrompue momentanément, fut reprise en 1798, avec le concours de Bosc et ensuite de Huzard.

La Révolution l'ayant éloigné de Rambouillet, il alla en Normandie, à Fécamp, comme médecin de l'hôpital militaire.

Lorsque la Convention créa un bureau d'agriculture, il en fit partie avec Cels, Gilbert, Parmentier, Huzard. Ce fut à ses sollicitations et à celles de ses collègues que, dans le traité de Bâle (1795), on inséra, comme clause secrète, que l'Espagne laisserait sortir de son territoire, pour la France, 4,000 brebis et 1,000 béliers mérinos. Ce bureau d'agriculture contribua aussi à sauver les anciens établissements agricoles royaux, qui furent soumis à leur direction.

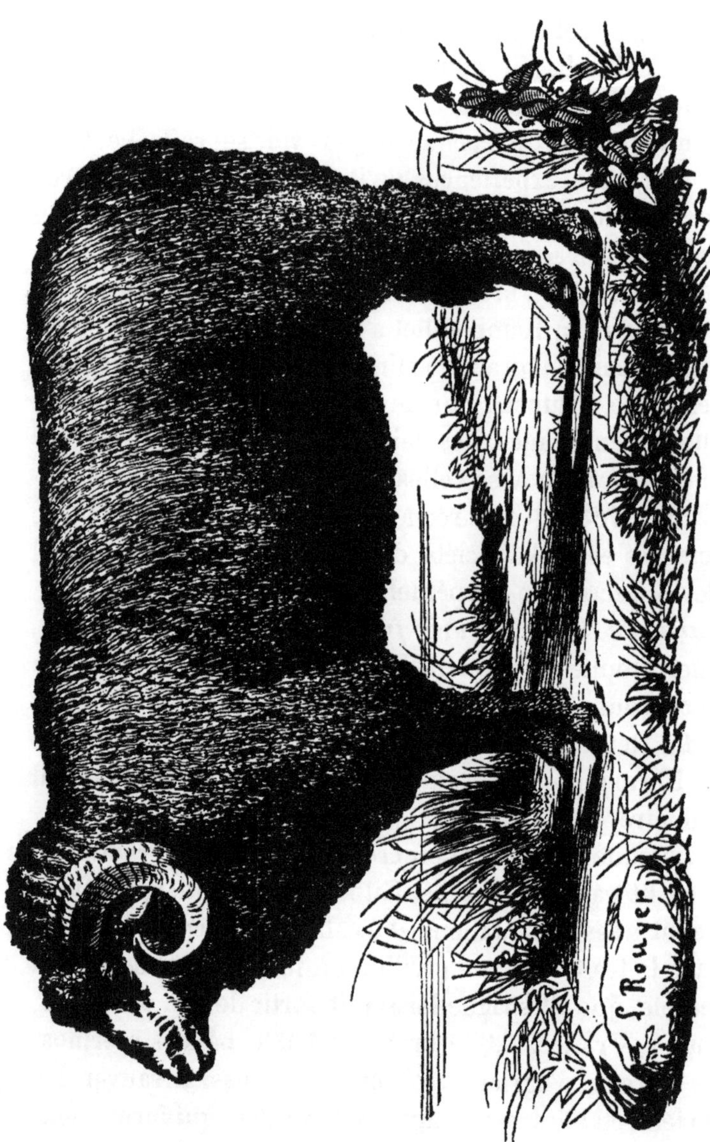

Fig. 5. — Mérinos.

Tessier fut nommé inspecteur général des bergeries de la France, et déploya une grande activité dans ces fonctions.

Propriétaire dans Seine-et-Marne, il y entretint un troupeau de mérinos qui devint fort prospère, et il doubla la valeur de son domaine. Maire de sa commune, il fonda divers établissements de bienfaisance.

On peut dire de Tessier que l'heure du repos ne sonna pour lui que lorsqu'il s'endormit du sommeil éternel, à Paris, le 25 décembre 1837. Il était né le 16 octobre 1742, à Angerville (Seine-et-Oise).

Sa verte vieillesse lui permit de faire de longs voyages et d'écrire un ouvrage à l'âge de quatre-vingt-quatorze ans.

Tessier avait un caractère excellent, et l'âge avancé auquel il est parvenu donne une fois de plus raison à une de ses thèses de médecine : *De l'influence de la douce égalité de l'âme sur la santé.*

Il a collaboré au *Journal des Savants*, aux diverses éditions du *Dictionnaire d'agriculture* de Rozier. En 1810, il publia une *Instruction sur les bêtes à laine et particulièrement sur la race mérinos*, et en 1819 un *Mémoire sur l'importation des chèvres cachemire*. L'*Histoire de l'introduction et de la propagation des mérinos en France* est une œuvre posthume. Il y raconte comment il triompha de l'indifférence des cultivateurs pour la race mérine.

En vain Louis XVI avait-il donné l'ordre d'offrir gratis des moutons provenant de Rambouillet. Personne n'en voulait. Ils furent mis en vente : on se les disputa aux enchères.

« Tessier appartient, par ses origines et ses travaux,
« par ses puissantes facultés d'observation, de rappro-
« chement et de comparaison, par sa méthode simple et
« lucide d'exposition et de démonstration, à cette pléiade
« d'écrivains habiles et savants qui commença, au
« XVIIIᵉ siècle, à populariser la science agronomique. »

DUMONT DE COURSET.

Le baron Georges-Louis-Marie Dumont de Courset naquit au château de Courset, près de Boulogne (Pas-de-Calais), en 1746. En parcourant les montagnes des Pyrénées, il sentit naître en lui le goût de la botanique. Afin de pouvoir se livrer entièrement à cette étude, il donna sa démission de capitaine de cavalerie, et prit la direction de la propriété du Courset. Les jardins qu'il créa eurent une réputation universelle. Ces jardins renfermaient et contiennent encore les arbres les plus rares.

Il devint membre de la Société d'agriculture de Paris. Il est mort le 15 juin 1824.

On a de lui : *Mémoire sur l'agriculture du Boulonnais ;* la *Météorologie des cultivateurs ; Le Botaniste cultivateur*, ou description, culture et usage de la plus grande partie des plantes étrangères, naturalisées et indigènes, cultivées en France et en Angleterre, rangées suivant la méthode de Jussieu, 1798-1805, 5 vol. in-8°.

MICHAUX.

André Michaux est né à la ferme de Satory, près

de Versailles, le 7 mars 1746. Son goût pour la botanique le conduisit à faire des excursions en Auvergne,
dans les Pyrénées et en Espagne, et qui n'étaient que
le prélude de ses longs et lointains voyages. Après deux
années d'explorations en Perse, à travers mille dangers,
dans un pays en proie à la guerre civile, il rapporta à
Paris une précieuse collection de plantes et de graines.
En 1785, il fut chargé d'établir près de New-York une
pépinière d'attente pour les arbres de l'Amérique septentrionale destinés à la France. Intrépide voyageur, il
alla jusqu'à la baie d'Hudson.

Après douze années d'absence, il essuya en revenant
en France une violente tempête qui brisa le navire qui
le portait. Lorsqu'on l'eut retiré de la mer, et qu'il eut
repris connaissance, sa première question fut pour
savoir si ses collections étaient sauvées. Elles l'étaient,
mais ses effets étaient perdus.

La révolution avait suspendu son traitement, et
comme il avait vendu ses propriétés pour subvenir aux
frais de ses voyages, il en fut réduit à préparer lui-même
ses aliments et à coucher sur une peau d'ours. En 1800,
il fut choisi pour faire partie d'une expédition en Aus-
tralie, mais il s'arrêta à l'île de France. Au printemps
de 1802, il se rendit à Madagascar où il créa une pépinière. Une fièvre pernicieuse l'emporta le 13 novembre de la même année.

Michaux, aussi hardi voyageur que grand savant et
travailleur infatigable, a considérablement augmenté
nos collections de plantes et d'arbres exotiques. On a de
lui : *Histoire des chênes de l'Amérique septentrionale,*
1801, in-fol.; une *Flore de l'Amérique septentrionale,*

1803, 2 vol. in-8º et in-4º. Les planches de ces deux ouvrages ont été dessinées par Redouté.

Michaux était membre de la Société d'agriculture de Paris.

PHILIPPE DE VILMORIN.

Philippe-Victoire Levêque de Vilmorin naquit en 1746, à Landrecourt (Meuse). Il vint à Paris et se livra à des études de médecine et de botanique. Il épousa Mlle Andrieux et s'associa à son beau-père. La maison de commerce de graineterie fondée par les Andrieux fut connue depuis sous la raison sociale Vilmorin-Andrieux.

Vilmorin conçut le projet d'étendre le commerce des graines, en vulgarisant les espèces rares et en naturalisant des plantes et des arbres exotiques. Il s'efforça aussi de répandre les bonnes variétés de légumes venues de l'étranger, les plantes de grande culture et les fourrages. C'est à lui qu'on doit l'introduction du rutabaga, de la betterave disette.

Vilmorin a rédigé un grand nombre d'instructions, fruit de sa pratique ; il a fourni à de Grace des notes pour le *Bon Jardinier*.

Le catalogue raisonné des objets de son commerce, qu'il publiait et qu'ont continué ses successeurs, est, sous une forme modeste, une œuvre éminemment utile. Toutes les graines et plants que fournit cette maison ont été soumis à des essais préalables dans la propriété de Verrières (Seine), véritable laboratoire d'horticulture, comme l'a dit M. Decaisne. Aussi les acheteurs se sont-ils toujours reposés sur la double garantie de la science et de la loyauté.

Lorsqu'en 1788 la grêle ravagea les environs de Paris, Vilmorin fit des distributions abondantes de graines alimentaires aux cultivateurs éprouvés par le fléau. Il était correspondant de l'Institut (Académie des sciences) et membre de la Société d'agriculture de Paris.

Il est décédé le 6 mars 1804. Son fils et son petit-fils ont dignement soutenu l'honneur de son nom.

THOUIN.

André Thouin, l'aîné des quatre fils de Jean-André Thouin, est né à Paris, en février 1747. Son père était un pépiniériste des environs de l'Isle-Adam (Seine-et-Oise), que Buffon, intendant du Jardin du roi, avait placé comme jardinier en chef de ce jardin. Quand il mourut, Buffon s'intéressa vivement à l'avenir du jeune André. Ce grand naturaliste et Bernard de Jussieu, le directeur des cultures, qui avait aussi remarqué son intelligence et son goût pour les sciences naturelles, obtinrent de Louis XV qu'il succédât à son père. Il n'avait que dix-sept ans, et déjà il était le soutien de sa mère, de ses frères et de sa sœur. Ce fut quelques années après cette nomination que Buffon doubla l'étendue du jardin. André Thouin y créa une grande école de botanique, planta des collections de plantes et d'arbres fruitiers.

Ses écrits lui valurent d'être nommé membre de la Société d'agriculture de Paris, puis de l'Académie des sciences. En 1806, on créa pour lui la place de professeur de culture : c'est alors qu'il établit une école de culture pour joindre l'application à l'enseignement de la chaire.

Chaque année, du Jardin du roi sortaient de nombreux plants, et plus de 100,000 sachets de graines envoyées gratuitement en France, à l'étranger et aux colonies. Cet établissement était le seul où on pût étudier les sciences agricoles ; aussi souhaitait-on vivement la publication des leçons professées par Thouin. Mais cet homme modeste ne trouvait jamais son œuvre assez digne de voir le jour. Son *Cours de culture et de naturalisation des végétaux*, 3 vol. in-8º, a été publié par son neveu Oscar Leclerc-Thouin, après sa mort, qui arriva le 27 octobre 1824.

De ses autres ouvrages nous citerons la *Monographie des greffes*, la *Description des écoles d'arbres fruitiers*. André Thouin était un homme serviable, aimant les joies intimes de la famille, d'une simplicité qui lui faisait craindre de porter sa décoration de la Légion-d'Honneur. Tout entier à ses travaux du Jardin-des-Plantes, il y a vécu, sourd aux bruits de la grande cité murmurant autour de lui.

FRANÇOIS DE NEUFCHATEAU.

Nicolas FRANÇOIS DE NEUFCHATEAU est né le 17 avril 1750, à Saffais (Meurthe). Il fit ses humanités au collége de Neufchâteau (Vosges). C'est cette ville qui voulut ajouter son nom à celui de François. A l'âge de treize ans, il fit imprimer des vers. On a souvent et avec justesse comparé les enfants précoces à ces arbres qui fleurissent trop tôt et dont le fruit est séché dans la fleur. Il n'en est pas de même de François de Neufchâteau, car il a fourni une longue et glorieuse carrière comme poète, agronome et homme d'état. Après avoir reconnu que la poésie seule ne le mènerait à rien, il se tourna vers l'étude du droit. Il entra dans la magistrature, puis dans l'administration. En 1783, le ministre de la marine l'envoya dans les colonies, en qualité de procureur général au conseil supérieur de Saint-Domingue. Il revint en France cinq ans après, ayant failli périr à la suite d'une violente tempête.

Il acheta un petit domaine à Vicherai, bourg à cinq lieues de Neufchâteau, où il s'occupa d'agriculture et de littérature. En 1790 il fut nommé commissaire par le roi, pour organiser le département des Vosges. En 1791, il fit partit de l'Assemblée législative comme député des Vosges, refusa de siéger à la Convention et revint dans son département exercer les fonctions de juge de paix. Mais ayant fait représenter, en 1793, une tragédie à Paris, le tumulte qui éclata à la neuvième représentation le fit mettre en prison; il en sortit au mois d'avril 1794, après une détention de onze mois.

François de Neufchâteau était commissaire du Directoire dans les Vosges, lorsqu'il fut appelé au ministère de l'intérieur, en 1797 ; quelques mois après, il devint membre du Directoire. En 1798, il reprit le portefeuille de l'intérieur et signala son administration par son zèle pour les lettres, l'industrie et l'agriculture. C'est lui qui commença les superbes galeries du musée du Louvre.

Napoléon Ier le nomma sénateur. Ses travaux littéraires lui valurent l'honneur de compter parmi les quarante membres de l'Académie française. Membre de la Société d'agriculture de Paris, il occupa quinze fois le fauteuil de la présidence annuelle.

Ses écrits sont très-nombreux. On consulte encore avec intérêt son ouvrage sur le maïs; son *Art de multiplier les grains*, ou *Tableau des expériences qui ont eu pour objet d'améliorer la culture des céréales, d'en choisir les espèces et d'en augmenter le produit*, a été publié en 1809.

Il est mort à Paris, le 10 janvier 1828.

DE CHASSIRON.

Pierre-Charles-Martin, baron DE CHASSIRON, économiste et agriculteur, est né à La Rochelle (Charente-Inférieure), le 2 novembre 1753. Il fit son droit à Paris, acheta à La Rochelle une charge de trésorier et devint conseiller à la cour des comptes. Ses compatriotes l'envoyèrent au conseil des Anciens; il fit partie de la commission législative du 18 brumaire, puis du Tribunat. Souvent il monta à la tribune pour parler en faveur de l'agriculture. Propriétaire dans les environs de La Rochelle, il augmenta sensiblement le revenu de sa terre, en établissant des prairies artificielles et en formant des troupeaux de mérinos. Les marais, qui étaient nombreux dans sa province, le préoccupèrent et furent pour lui le sujet d'importants travaux.

En 1800, il publia *Deux lettres aux cultivateurs français, sur les moyens d'opérer un grand nombre de dessèchements, par des procédés simples et peu dispendieux;* en 1818, *Essais sur la législation et les réglements nécessaires aux cours d'eau et rivières non navigables et flottables, ainsi qu'aux dessèchements à faire ou à conserver en France.*

De Chassiron était membre de la Société d'agriculture de Paris, où il est mort, le 15 avril 1825.

HUZARD.

« Je vous réponds que vous aurez dans votre enfant « un sujet de la plus grande distinction, » disait Bourgelat en parlant de Jean-Baptiste HUZARD. La prédiction du maître s'est réalisée, et Huzard s'est acquis une grande célébrité dans l'art vétérinaire. Il était né à Paris, le 3 novembre 1755. Ancien élève d'Alfort et professeur à la même école, il la quitta sur le désir de son père, qui l'attacha quelque temps à sa maréchalerie.

Lauréat de l'école d'Alfort pour le prix de pratique vétérinaire, il a gravi le premier échelon des honneurs qui l'attendaient. Membre de l'Académie de médecine, expert assermenté des tribunaux de Paris, membre de l'Académie des sciences et de la Société centrale d'agriculture, il fut l'un des fondateurs de la Société d'encouragement pour l'industrie nationale, et le créateur de l'école vétérinaire de Toulouse, en 1829. Il exerçait encore ses fonctions d'inspecteur général des écoles vétérinaires, lorsqu'il mourut à Paris, le 1er décembre 1838.

Possédant une vaste science, et doué d'une grande sûreté de diagnostic, Huzard a fait faire des progrès considérables à l'art vétérinaire. On raconte plusieurs

anecdotes au sujet de ses expertises ou de ses consulta-
tions. Un propriétaire lui faisait voir ses chevaux et se
plaignait qu'il allait être obligé d'en changer une quatrième fois, à cause de leur état de dépérissement. —
« Vos chevaux sont bons, répondit Huzard ; c'est le co-
« cher qu'il faut changer. »

Huzard est un de ceux qui ont contribué à l'insertion
de l'article du traité de Bâle qui permettait en France
l'introduction des mérinos. Il est aussi un de ceux qui
sauvèrent les anciennes fermes royales.

Collaborateur de plusieurs encyclopédies agricoles, il
a été un des principaux rédacteurs des *Annales de l'a-
griculture*, fondées par Tessier.

Pendant qu'il exerçait les fonctions d'expert, il réunit
de nombreux procès-verbaux qui ont été très-utiles
pour établir la jurisprudence vétérinaire.

De ses nombreux ouvrages, nous citerons : *Instructions sur les moyens de s'assurer de l'existence de la
morve et d'en prévenir les effets,* 1785, in-8º ; *Instruction sur les soins à donner aux chevaux pour
les conserver en santé sur les routes et dans les camps,*
ouvrage tiré à 60,000 exemplaires ; *Mémoire sur la pé-
ripneumonie chronique ou phthisie pulmonaire qui
affecte les vaches laitières de Paris et des environs,*
1800, in-8º ; *Instruction sur l'amélioration des chevaux en France, destinée principalement aux cultivateurs,* 1802, in-8º ; *Instructions et observations sur
les maladies des animaux domestiques, avec les
moyens de les conserver en santé, de les multiplier,
de les élever avec avantage,* publiées avec Chabert
et Flandrin, 1812, 6 vol. in-8º.

Huzard avait formé la plus belle bibliothèque d'ouvrages d'art vétérinaire et d'économie rurale. Le nombre des volumes excède 40,000. Le catalogue, qui a été imprimé, forme un index bibliographique fort curieux. Il se fit l'éditeur des œuvres d'Olivier de Serres, publiées sous les auspices de la Société centrale d'agriculture.

Sa femme avait fondé une imprimerie et une librairie d'agriculture.

CHAPTAL.

L'industrie, qui a pris un si grand développement dans notre siècle, est redevable à CHAPTAL des efforts qu'il a faits pour le favoriser. C'est à lui qu'on doit les premières applications de la chimie à l'agriculture.

Jean-Antoine Chaptal, comte de Chanteloup, est né à Nogaret (Lozère), le 5 juin 1756. Il fit ses études médicales à Montpellier, où il avait un oncle praticien distingué, et dont il hérita de 300,000 fr. Il vint à Paris suivre des cours de chimie. En 1781, appelé à professer la chimie à Montpellier, il y établit des fabriques de produits chimiques. Grâce à ses travaux, on put fabriquer en France de l'acide sulfurique, de l'alun artificiel, de la soude factice. La renommée ne tarda pas à porter son nom dans les pays étrangers, et jusqu'en Amérique. En vain lui fit-on de magnifiques propositions pour qu'il quittât son pays.

Ayant publié uue brochure en faveur des Giroudins, il fut mis en prison. Il en sortit bientôt pour venir à Paris diriger la fabrique de poudre de Grenelle. La poudre ne se fabriquait alors qu'avec des matières tirées de l'Inde. La chimie sut nous affranchir de ce tribut payé à l'étranger.

Chaptal professa la chimie végétale à l'École polytechnique. Il retourna à Montpellier pour réorganiser la Faculté de médecine et y professer sa science favorite. Paris l'attira de nouveau à lui; il y fonda des manufactures de produits chimiques auxquels il fit subir de grands perfectionnements.

Chaptal devint, en 1800, ministre de l'intérieur, et se signala par un grand nombre de mesures utiles. N'oublions pas qu'il institua la Société de vaccine. En 1805, Napoléon Ier ayant reçu sa démission de ministre, le nomma sénateur. En 1814, Louis XVIII le comprit au nombre des pairs de France. Quand Napoléon revint de l'île d'Elbe, Chaptal se rallia à sa cause. Lorsque Louis XVIII remonta sur le trône, il le raya de la liste des pairs.

Chaptal se retira dans sa terre de Chanteloup, dans le département d'Indre-et-Loire, et s'occupa d'agriculture. Il y établit la première grande fabrique de sucre de betteraves. Un troupeau de 1,200 mérinos consommait les pulpes de betteraves. Le revenu de la propriété monta de 14,000 fr. à 60,000. Ses principaux écrits sont :

Éléments de chimie, 1790, 3 vol. in-8º; *Chimie appliquée aux arts*, 1806, 4 vol. in-8º; *Art de faire, de gouverner et de perfectionner les vins*, 1801; *Traité théorique et pratique sur la culture de la vigne*, 1801; *Mémoire sur le sucre de betteraves*, 1815; *Chimie appliquée à l'agriculture*, 1823, 2 vol. in-8º.

Chaptal était membre de l'Institut (Académie des sciences), de la Société d'agriculture de Paris, et fondateur de la Société d'encouragement pour l'industrie nationale.

Il était rentré en faveur auprès du roi, mais la perte
de sa fortune attrista la fin de sa vie. Son vieux et fidèle
domestique fit imprimer à ses frais les éloges prononcés
pour honorer la mémoire de son maître. Chaptal mourut le 30 juillet 1832.

GILBERT.

François GILBERT est né à Châtellerault (Vienne), le
13 mars 1757. Invinciblement entraîné vers l'étude de
l'art vétérinaire, il entra à l'école d'Alfort. Il devint
directeur de l'établissement royal de Rambouillet, place
que la Révolution avait forcé Tessier de quitter. Il fut
aussi chargé d'organiser les domaines de Sceaux et de
Versailles. La Convention, sur les instances du bureau
d'agriculture qu'elle avait institué, avait arrêté leur
conservation sous le nom d'établissements ruraux.
C'est à Rambouillet que Gilbert étudia avec beaucoup
de soin la race des moutons mérinos, tant il prévoyait
que les laines recueillies sur des moutons élevés en
France fourniraient des tissus supérieurs à ceux confec-
tionnés avec des laines étrangères.

En 1797, le Directoire l'envoya en Espagne pour
choisir des moutons mérinos, en exécution de l'article
du traité de Bâle conclu en 1795, d'après lequel le gouvernement espagnol devait laisser importer chez nous
5,000 moutons de cette race. Son voyage fut loin
d'aboutir au résultat sur lequel il comptait. Non seulement il éprouvait des difficultés auprès des propriétaires
qui refusaient de vendre ; mais ne recevant pas du gou-

vernement les fonds promis, il fut obligé d'arrêter ses achats.

Après avoir dépensé pour les divers frais de voyage 10,000 fr. de sa bourse, il se trouva un moment dénué de ressources. Pour bien remplir sa mission, il ne craignit pas de parcourir des lieux d'un accès très-difficile. « J'ai parcouru, dit-il dans une de ses lettres, en par-
« lant d'une région montagneuse, tout ce pays avec des
« peines incroyables, presque continuellement suspendu
« sur d'effroyables précipices , presque toujours obligé
« de tirer mon cheval par la bride, couchant ou sur la
« terre, ou dans les huttes des bergers, perchées sur
« des hauteurs où l'on ne trouve d'autres retraites que
« celles des aigles, des vautours, des ours et des cha-
« mois, mangeant au même chaudron, avec des bergers,
« des mies de pain préparées avec du suif de mouton.
« Ce genre de vie m'a valu une fièvre tierce très-
« violente..... » La fièvre qui le tourmentait devint de la dernière gravité, et il succomba neuf jours après, le 21 septembre 1800. Il ne devait pas revoir sa patrie. Les envois qu'il avait faits arrivèrent en France.

Envisagé au point de vue moral, on trouve dans Gilbert un homme toujours prêt à obliger. Un jour, en Espagne, afin de pouvoir rendre service, il ne craignit pas de partir deux jours après ses compagnons de voyage. Ceux-ci furent battus et volés ; quant à lui, il effectua son voyage sans accident.

Gilbert était membre de l'Académie des sciences, secrétaire de la Société d'agriculture de Paris et député au Corps législatif.

On a de lui un bon *Traité des prairies artifi-*

cielles, 1790 ; des *Études sur le charbon, la cla-
velée ; Instruction sur les moyens les plus propres
à assurer la propagation des bêtes à laine de race
d'Espagne et la conservation de cette race dans
toute sa pureté,* 1797 ; *Mémoire sur la tonte du troupeau national de Rambouillet, la vente de ses laines
et de ses productions disponibles.*

MOREL DE VINDÉ.

Le vicomte Charles-Gilbert MOREL DE VINDÉ naquit
à Paris le 20 janvier 1759. Il était conseiller au Parlement lorsque survint la Révolution. Mais après la fuite et
l'arrestation de Louis XVI, il se démit de ses fonctions
de magistrat. Retiré au château de la Celle-Saint-
Cloud, près de Versailles, il s'occupa d'agriculture et
d'horticulture. En 1817, Louis XVIII le nomma pair de
France. Ses écrits sur les mérinos et l'assolement qua-
driennal ont rendu son nom célèbre. C'est dans ce dernier ouvrage qu'il a inséré sa maxime toujours vraie :
Les circonstances font les assolements.

Morel de Vindé s'est beaucoup occupé de perfectionner la race ovine mérinos.

On a de lui : *Mémoire sur les béliers mérinos,* 1807 ;
Observations sur la théorie des assolements, 1823 ;
Essai sur les constructions rurales économiques,
1824, in-fol., pl. ; *Morcellement de la propriété,* 1826 ;
Sa *Morale de l'enfance* ou *Recueil de quatrains* jouit
d'une grande popularité. Morel de Vindé était membre
de l'Académie des sciences et de la Société centrale
d'agriculture. Il est mort à Paris le 20 décembre 1842,

laissant une mémoire honorée. Les pauvres n'oublieront pas l'hôpital qu'il a fondé et ses diverses œuvres de bienfaisance.

BOSC.

Louis-Augustin-Guillaume Bosc, né à Paris le 29 janvier 1759, mourut dans la même ville le 10 juillet 1828.

Le goût qu'il avait pour la botanique le porta à suivre les cours du Jardin-des-Plantes. Il occupa d'abord dans l'administration de belles positions qui n'auraient pas sauvé son nom de l'oubli, sans les grands travaux qu'il accomplit dans la suite et qui l'ont fait passer à la postérité. En 1793, il fut obligé de se cacher dans la forêt de Montmorency, et de travailler à la terre dans son ermitage de Sainte-Radegonde.

Lorsque la tourmente révolutionnaire se fut apaisée, il alla en qualité de consul en Amérique. A son retour, il publia divers ouvrages d'histoire naturelle, où sont consignées les observations qu'il avait faites pendant son séjour dans le Nouveau-Monde.

En 1799, se trouvant sans place et obligé de chercher des moyens d'existence, il eut recours à sa plume. Il collabora au supplément du Dictionnaire de Rozier, au nouveau *Dictionnaire d'histoire naturelle*, 1re édition, 24 vol., 2e édit., 36 vol. ; au *Cours complet d'agriculture théorique et pratique*. A partir de 1811, il coopéra aux *Annales de l'agriculture* fondées par Tessier. En outre, Bosc écrivit un grand nombre de mémoires. A un esprit encyclopédique, il joignait une

grande facilité de travail. Il devint inspecteur général
des pépinières, et succéda à André Thouin comme professeur de culture au Jardin-des-Plantes. Les atteintes
du mal qui devait l'emporter l'empêchèrent de professer.

Il appartenait à la Société d'agriculture de Paris et à
l'Académie des sciences.

Bosc, sous des manières brusques, cachait un excellent citoyen, un ami dévoué. En 1793, il favorisa, au
péril de sa tête, l'évasion de prisonniers que la tyrannie
allait envoyer à l'échafaud.

DE LASTEYRIE.

Le comte Charles-Philibert de Lasteyrie du Saillant
est né à Brives-la-Gaillarde (Corrèze), le 4 novembre 1759. Il est mort en 1849. Sa longue carrière a été
entièrement consacrée à l'agriculture, aux sciences économiques et à des œuvres de philantropie. Après avoir
fait de nombreux voyages à l'étranger, afin de comparer
notre agriculture et notre industrie avec celles des autres
peuples, il s'occupa de pratique agricole, lorsqu'éclata
la révolution. Quand le calme se fut fait, il alla en
Espagne et ramena un troupeau de mérinos. En 1799,
il publia un *Traité des bêtes à laine d'Espagne* ; en
1808, *Du cotonnier et de sa culture* ; en 1811, *Du
pastel, de l'indigotier et des autres végétaux dont on
peut extraire une couleur bleue.*

De Lasteyrie avait étudié en Bavière l'impression
sur pierre ; en 1815, il fonda à Paris le premier atelier
de lithographie. Son ouvrage : *Collection de machines,
d'instruments, etc., employés dans l'économie rurale,*

domestique et industrielle, d'après les dessins faits dans différentes parties de l'Europe, 2 vol. in-4°, 215 planches, fut imprimé dans cet atelier.

On lui doit aussi de petits traités à l'usage des enfants sur l'histoire naturelle des animaux domestiques. Il a attaché son nom à la propagation de la méthode Jacotot pour l'enseignement.

Lasteyrie était membre de la Société centrale d'agriculture et de plusieurs autres Sociétés.

YVART.

Jean-Augustin-Victor YVART, auteur d'écrits renommés sur la jachère et les assolements, est né à Boulologne-sur-Mer (Pas-de-Calais), en 1764. Destiné à l'enseignement, il fut envoyé en Angleterre, et pour s'y perfectionner dans la langue anglaise et pour donner des leçons de français. Il profita de son séjour dans ce pays pour en étudier la culture. Chabert et Gilbert lui firent donner la place de secrétaire du directeur de l'école vétérinaire d'Alfort, ce qui ne l'empêcha pas de suivre les cours professés dans cette école. Le gouvernement ayant mis une ferme à la disposition de l'école, il en devint directeur, et plus tard le fermier, lorsque le gouvernement refusa de renouveler le bail. Arthur Young, qui visita cette propriété dont les terres étaient de qualité inférieure, et qui n'étaient que dans leur première période de transformation, en parle peu favorablement. Mais dix-huit ans après, M. Sylvestre disait en séance publique à la Société d'agriculture du département de la Seine : « M. Victor Yvart, placé à Maisons,

« près de Charenton, sur un sol sablonneux, dans
« lequel ses prédécesseurs ne cultivaient que du seigle
« et conservaient soigneusement les jachères, est par-
« venu, par un assolement bien entendu, à amélio-
« rer ses terres, au point qu'il y cultive partout le fro-
« ment, qu'il ne conserve plus de jachères, qu'une
« grande étendue de prairies artificielles et de racines
« alimentaires est cultivée chaque année, qu'il a porté
« la rente annuelle de son exploitation de 15 francs
« l'hectare à 60, 70 et même 90 francs, et qu'il entre-
« tient 1,500 bêtes à laine fine de grande taille, sur
« le même terrain qui suffisait à peine à la nourriture
« de 300 moutons communs pendant six mois de
« l'année. »

Pendant dix années, Yvart fut chargé du cours d'économie rurale à l'école d'Alfort. Sa ferme servait d'exemple pour la pratique des meilleures cultures. Il avait
voyagé tant en France qu'à l'étranger, et il avait beaucoup vu et comparé.

En 1806, il a publié un ouvrage intitulé : *Coup d'œil
sur le sol, le climat et l'agriculture de la France
comparée avec les cantons qui l'avoisinent et particulièrement avec l'Angleterre* ; en 1819, *Voyage
agronomique en Auvergne*.

Le même écrivain que nous citions tout à l'heure va
nous dispenser de caractériser l'œuvre capitale de
Victor Yvart. « Le plus important de ses ouvrages,
« disait-il en 1832, est celui qu'il a rédigé *sur les
« meilleurs moyens d'arriver graduellement à la
« suppression des jachères en France ;* il avait déjà
« approfondi cet important sujet dans plusieurs articles

« du *Dictionnaire d'agriculture*, publié par les mem-
« bres de la section d'économie rurale de l'Institut ;
« mais il fit paraître en 1821, sous le titre de *Notice*
« *historique sur l'origine et les progrès des assole-*
« *ments raisonnés*, et en 1822, sous celui de *Considé-*
« *rations générales et particulières sur la jachère*,
« un traité complet des cultures admises en grand sur
« les exploitations rurales de la France ; il y a comparé
« les résultats obtenus de ces divers assolements ; il y a
« indiqué les moyens de reconnaître les meilleurs dans
« des circonstances déterminées, et d'assurer leur
« réussite ; enfin il a donné une description suffisam-
« ment détaillée de tous ces assolements sans jachère,
« adoptés par les agriculteurs les plus distingués. Cet
« ouvrage renferme les documents les mieux constatés
« sur tout ce que la pratique de l'agriculture peut offrir
« de plus difficile et de plus important ; il restera long-
« temps classique, et assurera à Victor Yvart un titre
« imprescriptible à la reconnaissance publique. »

Victor Yvart était membre de l'Académie des sciences
et de la Société d'agriculture de Paris. Il avait acquis la
propriété de Saint-Port, près de Melun ; il y passa ses
dernières années en s'occupant d'agriculture. Il est mort
le 19 juin 1831.

POITEAU.

Antoine POITEAU est un exemple de ce que peut le
travail mis au service de l'intelligence pour suppléer au
manque d'instruction première. Il naquit à Amblemy,
près de Soissons (Aisne), le 23 mars 1766. Il vint à

Paris exercer la profession de jardinier. Pendant le temps qu'il ne tenait pas la bêche, il étudiait et s'occupait de dessin. En 1788, il entra au Jardin du roi et s'empressa de suivre les cours professés dans cet établissement. Mais les traités de botanique descriptive étant presque tous écrits en latin, Poiteau n'hésita pas, à l'âge de vingt-quatre ans, à entreprendre l'étude de cette langue. Grâce à son ardeur pour la science et à ses connaissances, il fut chargé de la formation de l'école d'arbres fruitiers dont André Thouin avait la direction.

En 1796, il obtint d'être envoyé en mission à Saint-Domingue, où il se trouva sans ressources et obligé d'avoir recours au travail manuel pour vivre. Six ans après, il retourna dans ce pays étudier la luxuriante végétation des tropiques qui l'avait vivement frappé à son premier voyage. Il a consigné ses nombreuses observations dans les *Annales du Muséum d'histoire naturelle.*

De retour en France, Poiteau allia la science théorique à la pratique horticole, et publia un grand nombre d'ouvrages et de mémoires remarquables. Avec Turpin il fit un *Flore parisienne,* fut en 1818 le collaborateur de Risso pour l'*Histoire naturelle des orangers.* De 1807 à 1835, il fit paraître avec Turpin, qui n'y eut qu'une part secondaire, une nouvelle édition considérablement augmentée du *Traité des arbres fruitiers*, de Duhamel, 6 vol. in-fol. Poiteau publia seul cet ouvrage de 1837 à 1847, sous le titre de *Pomologie française,* recueil des plus beaux fruits cultivés en France, 434 planches très-bien coloriées.

En outre il rédigea pendant trente années les *Annales*

de la Société centrale d'horticutture. Il était aussi membre de la Société centrale d'agriculture.

De nombreux horticulteurs ont été formés par ses soins. Plus qu'octogénaire, on le voyait encore, malgré les ans et en dépit des intempéries, se courber sur les plates-bandes des jardins. C'était, dans toute l'acception du mot, un brave homme. Il est décédé le 28 février 1854.

DELAMARRE.

Louis-Gervais DELAMARRE est né à Mello, département de l'Oise, en 1766. Maître clerc chez Bourgeon, procureur au Châtelet de Paris, il lui succéda en 1791. Retiré des affaires, l'aisance que lui avait procurée sa charge lui permit d'acheter d'abord une propriété dans Seine-et-Oise, où il fit beaucoup de plantations. En 1802, il fit l'acquisition du vaste domaine d'Harcourt, canton de Brionne, arrondissement de Bernay, département de l'Eure. Les terres étaient, en général, de médiocre qualité. Afin de pouvoir mettre les bruyères en valeur, il vendit une partie des terres les mieux cultivées pour un prix supérieur à celui que lui avait coûté le domaine entier. Il lui resta 300 hectares, dont 150 hectares de bois taillis en mauvais état, le reste en landes. Après divers essais improductifs, il y sema des pins qui réussirent fort bien.

Il mourut le 27 juillet 1827; il avait institué la Société centrale d'agriculture sa légataire universelle. Cette société continue l'œuvre de Delamarre, et la terre d'Harcourt forme un beau domaine d'un excellent rapport.

On doit à Delamarre : *Traité de la culture des pins de grande dimension,* 1826, in-8° ; *Historique de la création d'une richesse millionnaire,* ou application du traité pratique de cette culture, et conseils aux héritiers de l'auteur de cette création pour l'utiliser dans tous ses avantages, 1827.

Par ces mots : « Richesse millionnaire, » Delamarre entendait le profit que devait rapporter dans l'avenir sa propriété.

BAUDRILLART.

Jacques-Joseph BAUDRILLART, né à Givron (Ardennes), le 20 mai 1774, est mort à Paris le 24 mars 1832. Il avait embrassé la carrière militaire et avait été employé dans les hôpitaux ambulants. Ayant mis à profit ses voyages pour étudier l'aménagement des forêts en Allemagne, il entra dans l'administration des forêts et parvint, en 1819, au grade de chef de division. Ses traductions d'auteurs allemands et ses écrits ont grandement contribué aux progrès de la sylviculture et à accroître sa réputation.

Le *Mémorial forestier,* en 6 vol., de 1801 à 1807, est un recueil des lois et arrêtés relatifs à l'administration forestière. Les *Annales forestières* en sont la suite, et vont jusqu'à l'année 1816, 8 vol. in-8°. Il a rédigé en outre, en collaboration avec Bosc, *La culture des arbres et l'aménagement des forêts,* qui forme le tome IV du *Dictionnaire d'agriculture,* appartenant à l'*Encyclopédie méthodique.*

Baudrillart a commenté le *Code forestier,* 1827,

2 vol. in-12 ; le *Code de la pêche fluviale*, 1829, 2 vol. in-12.

A ces œuvres si utiles, il apporta le couronnement par son grand *Traité général des eaux et forêts, chasses et pêches*, 1821-1834, 10 vol. in-4° avec 3 atlas gr. in-4°. Cet ouvrage, divisé en quatre parties, renferme l'histoire des eaux et forêts dans les discours préliminaires, un recueil des lois et arrêts sur la matière, les divers modes d'aménagement des bois, les principes d'histoire naturelle étudiés dans leurs applications à la sylviculture, la description des diverses chasses, avec bibliographie des auteurs cynégétiques, l'histoire des poissons et la description des engins de pêche.

Baudrillart appartenait à la Société centrale d'agriculture.

ANDRÉ DE VILMORIN.

Philippe-André LÉVESQUE DE VILMORIN, fils de Philippe-Victoire Lévesque de Vilmorin, est né à Paris, le 30 novembre 1776.

Vilmorin, dont le nom est populaire en France, fut élu membre résidant de la Société centrale d'agriculture en 1804, époque de la mort de son père, et il devint membre associé de cette compagnie en 1814.

En 1843, l'Académie des sciences le nomma, sur le rapport de de Gasparin, correspondant pour la section d'économie rurale, en remplacement de Mathieu de Dombasle.

Vilmorin a dirigé la maison de commerce qui porte

son nom depuis quarante années. Personne n'ignore tout ce qu'il a fait depuis un demi-siècle en faveur de l'agriculture et du jardinage. On se rappelle ses expériences infinies, ses rapports très-instructifs, ses observations pleines d'intérêt sur la culture d'un grand nombre de végétaux, et les plantes dont il a enrichi l'agriculture et l'horticulture.

La culture des plantes potagères et des végétaux de grande culture, que contient le *Bon Jardinier*, a été rédigée par ce savant expérimentateur, Le premier volume de la *Maison rustique du XIXe siècle* renferme aussi d'excellents articles rédigés par Vilmorin, en collaboration avec Leclerc-Thouin. Lorsque Vilmorin abandonna sa maison de commerce à son fils aîné, Louis Vilmorin, il s'imposa la mission de continuer ses importantes études sur les essences utiles qu'il a réunies sur plus de 40 hectares dans sa propriété des Barres, près de Nogent-sur-Vernisson (Loiret). Cette *école forestière*, unique en Europe, est destinée, par les faits qu'elle permet d'enregistrer chaque année, à résoudre d'utiles questions concernant les essences résineuses étrangères à la France et susceptibles d'y être cultivées en grand. Les services rendus à l'agriculture par Vilmorin sont immenses. En outre, toutes les associations, tous les établissements publics ont depuis longtemps été à même d'apprécier ses libéralités. Il a été nommé chevalier de la Légion-d'Honneur en 1835.

André de Vilmorin est mort le 21 mars 1862. Sa propriété a été achetée par l'État.

MATHIEU DE DOMBASLE.

Un nom justement populaire est celui du fondateur de la première école d'agriculture en France, Christophe-Joseph-Alexandre MATHIEU DE DOMBASLE. Ce célèbre agriculteur est né à Nancy (Meurthe), le 26 février 1777. Il entra au service militaire comme volontaire et fit la campagne du Luxembourg, mais sa santé le fit renoncer à une vie d'une activité aussi fatigante. Après s'être appliqué à développer ses facultés intellectuelles, il fonda une sucrerie de betteraves. En 1814, les revers éprouvés par la France envahie alors par l'étranger, l'entrée libre du sucre des colonies causèrent un tel abaissement du prix de cette denrée, que Mathieu de Dombasle fut complètement ruiné.

L'agriculture devint sa principale occupation, et pour en favoriser les progrès, il s'efforçait de propager les doctrines allemandes et anglaises, et établissait même une fabrique d'instruments aratoires perfectionnés. En 1821, il publia le *Calendrier du bon cultivateur* ou *Manuel de l'agriculteur praticien*, qui se répandit aussitôt dans toute la France.

Quand M. Bertier, propriétaire à Roville, petit village à 32 kilomètres de Nancy, voulut fonder, avec des actionnaires, une ferme expérimentale et un institut agricole, la direction de ces établissements fut offerte à Mathieu de Dombasle. Le 4 décembre 1822, il commençait l'amélioration des 200 hectares composant la ferme de Roville, et obtint sur un mauvais sol de bonnes récoltes.

C'est dans les *Annales de Roville* ou *Mélanges d'agriculture, d'économie rurale et de législation*

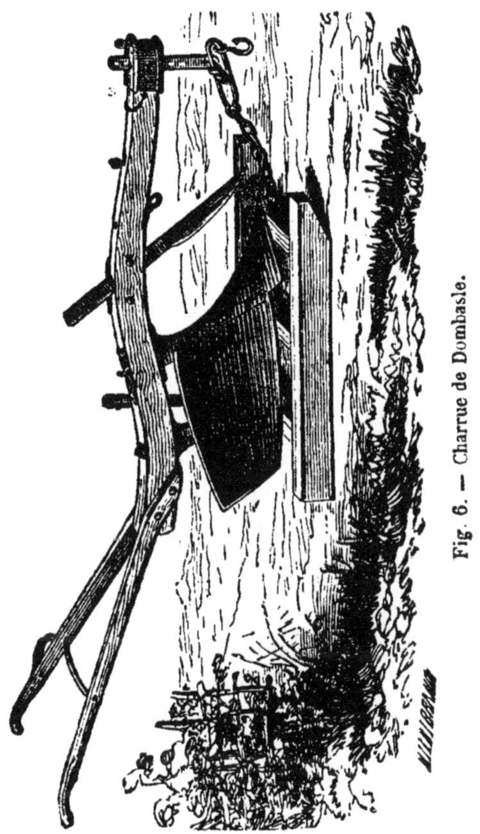

Fig. 6. — Charrue de Dombasle.

agricole, 9 vol. in-8°, qu'il faut lire l'exposé de ses travaux, tantôt heureux, tantôt suivis d'insuccès.

La suppression de la jachère, la rotation alterne substituée au classique assolement triennal, l'emploi des instruments, notamment de la charrue à laquelle son nom est resté attaché (*fig.* 6) et qu'il construisit, en lui faisant subir des modifications successives, d'après la charrue du Brabant, la nécessité d'abondantes fumures et d'un bétail plus nombreux, l'extension des fourrages, tels sont les principaux points sur lesquels Mathieu de Dombasle insista vivement dans son enseignement. Les encouragements du gouvernement vinrent soutenir le directeur de Roville dans l'œuvre d'utilité générale qu'il avait entreprise; le roi Louis-Philippe visita l'école en 1831 ; l'État paya les professeurs et accorda des bourses à un certain nombre d'élèves. La croix de la Légion-d'Honneur, le titre d'associé régnicole de la Société d'agriculture de Paris et de correspondant de l'Académie des sciences furent, pour Mathieu de Dombasle, des récompenses bien méritées. Au bout de vingt années, c'est-à-dire à l'expiration de son bail, Mathieu de Dombasle revint à Nancy.

Afin de continuer, autant qu'il lui était possible, son apostolat agricole, il refusa les places que le gouvernement lui offrit, aimant mieux s'occuper de sa fabrique d'instruments aratoires et préparer son *Traité d'agriculture*. Son petit-fils, en publiant cet ouvrage, a accompli une œuvre de piété filiale, mais tardive, si l'on considère surtout quelle marche la science fit pendant les vingt années qui suivirent sa rédaction.

Mathieu de Dombasle est mort le 27 décembre 1843. Une statue lui a été élevée à Nancy sur la place qui porte son nom. L'institut de Roville n'a pas survécu à son fondateur ! Mais les élèves répandus par toute la France propagent les bienfaits de l'instruction agricole qu'ils y ont reçue.

AUGUSTE BELLA.

A vingt kilomètres ouest de Versailles, à quelques
minutes du chemin de fer de Dreux, est situé dans la
vallée de Gally, commune de Thiverval, le hameau et
le château de Grignon, siége d'une école régionale
d'agriculture, dont Joseph-Marie-Auguste BELLA fut
l'un des fondateurs.

Le château de Grignon, entouré d'un grand parc clos
de murs, a été bâti au XVIIe siècle. L'architecture en
est simple, mais il offre de vastes proportions. Il est
construit en briques, avec les angles et les embrasures
de toutes les baies en pierres de taille ; au sud, la fa-
çade, composée d'un corps central et de deux ailes,
mesure 63 mètres. Napoléon Ier le donna au maréchal
Bessières, duc d'Istrie. Charles X l'acheta à sa veuve,
lors de fondation de l'institut agricole ; depuis cette époque, il fait partie de la liste civile.

Auguste Bella, né à Strasbourg (Bas-Rhin), le 10 octobre 1777, ancien chef de bataillon, qui comptait de
nombreuses campagnes et plusieurs blessures, avait
tourné son activité vers l'agriculture et cultivait en Lor-
raine la propriété de son oncle. Un de ses amis, M. Polonceau, ingénieur des ponts-et-chaussées de Seine-
et-Oise, vint le voir. L'état de l'agriculture, qui se
ressentait des maux de la guerre, la nécessité de la
faire devenir promptement prospère, furent des sujets
sur lesquels tombèrent leurs entretiens. Ils allèrent
visiter Roville. L'exemple de Mathieu de Dombasle sug-
géra à Polonceau l'idée d'une grande école d'agricul-

ture ; il en parla à Bella dont il venait d'apprécier les travaux.

Une société se forme avec l'appui du duc de Doudeauville, ministre de la maison de Charles X. Elle se constitua au capital de 300,000 fr., pour l'exploitation du domaine royal de Grignon : le bail était de quarante ans. Les statuts furent définitivement arrêtés et approuvés par une ordonnance royale du 23 mai 1827. Au mois de juin, Auguste Bella, nommé directeur de cette ferme-modèle, commençait la transformation du domaine, comprenant un parc de 290 hectares, avec bois et terres labourables : c'est là qu'est le champ d'exercices spécialement réservé aux élèves, et une ferme extérieure de 176 hectares, s'étendant sur le plateau et sur un des versants. Les terres étaient, les unes épuisées, les autres presque incultes. De l'école de Thaër, Auguste Bella entreprit une culture améliorante à l'aide d'un capital bien plus élevé que celui de Mathieu de Dombasle. Comme le fondateur de Roville, il établit une fabrique d'instruments.

La plupart des œuvres grandes et utiles ont leurs détracteurs ; il en fut de même de celle tentée par Bella : les choses ordinaires sont presque toujours assurées d'une silencieuse indifférence. Mais s'élevant au-dessus des envieux, il resta calme et continua courageusement ses travaux. La haute fertilité du sol, des bénéfices élevés, vinrent montrer combien les avances faites au sol sont largement rendues et prouver la puissance du capital.

L'école d'agriculture, fondée dans le but de donner aux jeunes gens qui se destinent à la culture une instruction tout à la fois théorique et pratique, a été ouverte le 1er mai 1831. Bella fut à la fois directeur et professeur (chaire d'agriculture). La comptabilité était distincte de celle de la ferme. A partir de 1838, les professeurs furent payés par le ministère de l'agriculture, qui supporta aussi les frais matériels d'instruction. En 1848, l'État prit à sa charge l'école entière, l'exploitation de la ferme par la Société agronomique restant en dehors ; les annales de Grignon et les bulletins de l'association des anciens élèves sont les archives à consulter pour l'histoire de cette importante création.

L'école de Grignon n'a cessé de prospérer ; elle a rendu d'immenses services en formant de nombreux élèves, dont beaucoup, cultivateurs renommés, lauréats des concours, ou bien occupant de hautes fonctions dans l'enseignement et dans l'administration, ont leur nom inscrit dans le livre d'or de l'agriculture française. Chaque année, de tous les points de la France et même de l'étranger, des jeunes hommes qui veulent embrasser la carrière agricole accourent avec empressement chercher l'excellente instruction qui y est donnée pendant deux années. C'est que, comme l'a dit M. Pommier, la renommée de Grignon, inséparable du nom de Bella, embrasse le monde civilisé. Aussi, Auguste Bella, avant de fermer les yeux à jamais, le 3 avril 1856, a-t-il pu se rendre au fond de sa conscience ce beau témoignage, qu'il avait créé une œuvre utile et qu'il l'avait établie sur des bases durables.

Il était membre de la Société impériale et centrale d'agriculture.

Bientôt la reconnaissance publique élèvera un monu-

ment en l'honneur du vaillant et habile soldat labou-
reur, du maître ferme, mais bon et juste, dont le nom
vivra dans la mémoire de ceux à qui l'agriculture est
chère.

DE GASPARIN.

Si chaque pays avait à choisir un nom entre tous dans
son livre d'or de l'agriculture, la France pourrait oppo-
ser avec fierté aux agronomes étrangers les plus illus-
tres celui du comte DE GASPARIN.

Adrien de Gasparin, né à Orange (Vaucluse), est issu,
par son père, d'une famille originaire de la Corse, par
sa mère d'une branche de la famille à laquelle appartenait le patriarche de l'agriculture française. Orphelin
à dix ans, il fut élevé par sa grand'mère dans la religion
protestante. Napoléon Ier, qui n'avait pas oublié le temps
où il était capitaine d'artillerie, dicta cette clause, art. 3
du quatrième codicile de son testament, en date du
24 avril 1821 : « Nous léguons cent mille francs aux
« fils ou petit-fils du député à la Convention, Gasparin,
« représentant du peuple à l'armée de Toulon, pour
« avoir protégé, sanctionné de son autorité le plan que
« nous avions donné, qui a valu la prise de cette ville
« (1793), et qui était contraire à celui envoyé par le co-
« mité du salut public. »
Le jeune de Gasparin embrassa d'abord la carrière
des armes et fit plusieurs campagnes. Après la bataille
d'Eylau (1807), il renonça à la vie militaire, contraint par
les suites d'une grième blessure. Il vint cultiver ses domaines, s'adonnant avec ardeur à des études variées,

notamment à celles qui se rapportent à l'agriculture. Il
avait déjà étudié l'art vétérinaire à l'école de Lyon, lorsque le ministre de la guerre avait détaché de chaque
régiment de cavalerie un officier pour y apprendre à
combattre la maladie qui s'abattait sur les chevaux. Diverses monographies et manuels remportèrent les prix
proposés par les sociétés d'agriculture de Lyon et de
Paris.

1830 arriva avec un changement de gouvernement.
De Gasparin dut céder aux vœux de ses concitoyens, qui
le choisirent pour leur maire. C'est sa première étape
dans la carrière administrative. Préfet de Montbrison, de
Grenoble et de Lyon, il se montra avec toutes les qualités requises chez le premier magistrat d'un département. Lorsqu'éclata au chef-lieu du Rhône la terrible
insurrection de 1834, il ne craignit point d'exposer sa
personne au feu des barricades. Louis-Philippe le
nomma alors pair de France. A deux reprises différentes, il fut ministre de l'intérieur ; il accepta aussi
provisoirement le portefeuille de l'agriculture et du
commerce. M. de Gasparin n'était pas orateur, et on
s'expliquera, sous un régime parlementaire, son court
passage à ces hautes fonctions. En 1837, il avait été
promu au grade de grand-officier de la Légion-d'Honneur. L'année 1840 le rend à l'agriculture, ce qui ne
l'empêche pas de prendre une part active aux travaux
de la chambre des pairs.

En 1843, il commence la publication de son *Cours
d'agriculture*, 6 vol. in-8°, traitant les sujets suivants :
agrologie, climatologie et météorologie, qui sont les parties les plus remarquables de l'ouvrage, architecture

rurale, mécanique agricole, agriculture proprement dite.
Le 6ᵉ volume, publié en 1860, est le complément des
précédents; il contient deux études intitulées : *Nutrition
des végétaux, Habitation des plantes,* et une table
analytique générale des matières. On y trouve aussi deux
Mémoires d'Auguste de Gasparin, son frère cadet. On
voit que cette œuvre est essentiellement scientifique; il
ne faut pas s'en plaindre, car elle montre combien l'a-
griculture est une science complexe. Ajoutons que l'auteur a fait preuve de talent comme écrivain.

Au nom de Gasparin est attaché le souvenir de l'Institut agronomique de Versailles (Seine-et-Oise), et dont
nous devons dire quelques mots. La loi sur l'enseignement agricole, votée le 3 octobre 1848, distinguait trois
degrés : le troisième degré, ou enseignement supérieur,
devait comprendre deux années de théorie et une troisième entièrement consacrée à la pratique.

Versailles devint le siége de cet enseignement. L'Institut fut établi dans le corps de bâtiment situé en face
du château, entre l'avenue de Paris et l'avenue de Saint-
Cloud, et qu'on appelait, sous Louis XIV, les Grandes-
Écuries. Là étaient réunis les chevaux de main du roi
et des princes, et c'est là que le grand-écuyer qui les
commandait et les officiers servant aux grandes céré-
monies avaient leurs appartements. Le grand parc, avec
ses bois, ses trois fermes, le potager, le tout d'une con-
tenance de 1,463 hectares 68 ares 41 centiares, remplissait les conditions exigées pour les études pratiques.

De Gasparin refusa d'abord la direction de cet Institut; il ne l'accepta qu'à la fin de 1850, avec le titre de
commissaire général.

Un décret du 17 septembre 1852 supprima cet établissement dispendieux. Le savant agronome reprit ses travaux personnels.

Cependant il accepta encore les fonctions de président du jury d'agriculture à l'Exposition universelle.

Une attaque d'apoplexie, à laquelle ses dernières occupations ne sont pas étrangères, le rendit paralytique pour le reste de ses jours. Six ans après, une nouvelle attaque emportait cet homme, dont on ne citera pas les services agricoles sans rappeler la noblesse de son caractère et sa bienveillance.

Une statue ne tarda pas à être érigée à sa mémoire, sur une des promenades de la ville d'Orange. Sur les faces du piédestal sont gravées les quatre inscriptions suivantes :

AU COMTE DE GASPARIN, LES AGRICULTEURS. SOUSCRIPTION UNIVERSELLE. NAPOLÉON III, EMPEREUR. — 11 SEPTEMBRE 1864.

ADRIEN-ÉTIENNE-PIERRE DE GASPARIN, NÉ A ORANGE LE 11 JUIN 1793. MORT EN CETTE VILLE LE 7 SEPTEMBRE 1862.

MEMBRE DE L'INSTITUT ET DE LA SOCIÉTÉ IMPÉRIALE ET CENTRALE D'AGRICULTURE DE FRANCE, PRÉFET DE L'ISÈRE ET DU RHÔNE, PAIR DE FRANCE, MINISTRE DE L'INTÉRIEUR.

MANUEL DE L'ART VÉTÉRINAIRE. — GUIDE DU MÉTAYAGE, GUIDE DES PROPRIÉTAIRES DE BIENS AFFERMÉS, CULTURE DE LA GARANCE, DE L'OLIVIER ET DU MURIER. — COURS D'AGRICULTURE. — MÉTÉRÉOLOGIE AGRICOLE.

La statue en-bronze a été fondue par M. Victor Thiébaut. Elle est l'œuvre de Pierre Hébert. De Gasparin est représenté assis, une plume à la main.

« Cher et illustre maître, » s'écriait M. Léonce de Lavergne, le jour de l'inauguration du monument, « du haut
« du piédestal où nos mains vous ont assis, présidez à nos
« efforts persévérants... Que de fois, dans vos entretiens
« intimes, au milieu des temps les plus troublés, vous
« m'avez ouvert votre âme tout entière ! Vous aviez bien
« vu dans l'agriculture, qui donne à la fois la richesse
« et les mœurs, le salut de cette société si profondé-
« ment ébranlée. Aujourd'hui, vous ne nous apparais-
« sez plus que dans la majestueuse immobilité de la
« mort ; mais cette main glacée nous montre encore la
« voie où nous devons marcher, et sur ce front, où
« règne l'éternel repos, nous lisons la trace de votre
« pensée. »

ADRIEN DE JUSSIEU.

Adrien DE JUSSIEU, fils et petit-neveu d'hommes dont
les travaux seront à jamais l'honneur de la botanique,
héritier d'un nom illustre, eut à cœur de continuer une
glorieuse tradition. Après avoir obtenu le grade de docteur à la Faculté de médecine de Paris, en soutenant
une thèse sur une famille de plantes étudiée dans ses
propriétés médicales et dans les rapports existant entre
elles au point de vue botanique, il s'adonna uniquement
à l'étude de l'histoire naturelle.

En 1826, il succéda à son père, Laurent de Jussieu,
comme professeur de botanique rurale. Et, soit au
Muséum, soit à la Faculté des sciences, où il occupa la
chaire d'organographie végétale, le succès le suivit partout. Ceux qui l'ont accompagné dans ses herborisations

n'ont pas oublié le charme de ses entretiens d'où naissaient entre le professeur et les élèves des rapports amicaux, autant que le permettait la position respective de chacun ; ils n'ont pas oublié son zèle, si nécessaire à celui qui à chaque pas de la promenade va se trouver en face de l'imprévu.

Comme base de ses travaux, il s'appuyait sur la méthode naturelle, dont tous ses efforts tendaient à en faire ressortir l'importance.

Mais il est bon de savoir que les anciens botanistes classaient les végétaux d'après leurs caractères extérieurs. Par exemple, Tournefort, au XVIIe siècle, rangeait les plantes d'après la corolle, la partie la plus voyante de la fleur; le Suédois Linné, au siècle suivant, d'après les organes de la fructification. Ces classifications étaient artificielles; elles n'étaient pas faites d'après le seul véritable point de vue. Laurent de Jussieu adopta une classification naturelle d'après les graines, dernière expression du végétal.

Partant du principe de la subordination des caractères, il établit trois divisions : plantes acotylédones, dont les lobes de la graine sont invisibles ; monocotylédones, celles dont le cotylédon ne consiste qu'en un seul lobe; dicotylédones, deux lobes. Et Adrien de Jussieu est venu corroborer, en étendant les travaux de son père, l'excellence de cette classification où ont trouvé place les nouvelles et nombreuses découvertes. Son œuvre capitale est la *Monographie des malpighiacées*. Le succès a trop bien couronné son cours élémentaire de botanique pour que nous le passions sous silence. Il fait partie du cours d'histoire naturelle à l'usage des lycées, dont les auteurs pour les autres parties sont Beudant et Milne-Edwards.

Adrien de Jussieu était membre de l'Académie des sciences et de la Société centrale d'agriculture. Il était né au Muséum d'histoire naturelle de Paris, le 23 décembre 1797. Une mort prématurée l'enleva, le 29 juin 1853, à la science à laquelle seule il avait consacré sa vie.

DIX-NEUVIÈME SIÈCLE

VICAIRE.

Parmi les hommes qui, dans ces derniers temps, se sont imposé la mission d'accroître nos richesses agricoles, figure sans contredit au premier rang M. VICAIRE, directeur général des forêts de l'État. Louis-Henri Vicaire naquit le 25 novembre 1802, à Ambérieu (Ain), où son père exerçait la profession de notaire. Il s'était d'abord assis sur les bancs de l'École de droit de Paris, lorsque la création de l'École forestière de Nancy, en 1825, lui fit tourner ses vues vers une autre carrière. Sorti avec le n° 1, il est nommé cinq ans après sous-inspecteur des forêts. « M. Vicaire se fit remarquer, a dit un de ses collègues, dès ses débuts dans la carrière forestière par une rare sagacité, une grande sûreté de vues, un esprit à la fois pratique et administratif, qui le mit en garde contre les entraînements trop faciles d'une théorie non encore définie. Il s'attacha à puiser dans la saine observation des faits une connaissance profonde des hommes et des choses. » En 1837, l'administration centrale l'appela à Paris, et l'année suivante, elle le nomma chef du contrôle et du personnel, fonctions délicates qu'il remplit pendant douze années avec le plus grand honneur.

Après les changements causés par la révolution de 1848, nous trouvons M. Vicaire, en 1849, conservateur à Paris, puis en 1852 administrateur à la direction générale. Au mois de décembre de la même année, la confiance de l'Empereur le mettait à la tête des forêts et domaines de la couronne. Napoléon III trouva en lui un habile et vaillant auxiliaire, quand il entreprit de régénérer l'agriculture en Sologne, dans les Landes et dans la Champagne pouilleuse, en organisant les fermes impériales. C'est sur la proposition de M. Vicaire que le ministre de l'agriculture créa en 1858 le comité central de la Sologne, dont le but principal est de répandre les meilleures méthodes et signaler les mesures à prendre pour hâter la prospérité de ce pays et son assainissement.

Il en fut le président pendant trois années. On n'a pas oublié ses remarquables rapports et la courtoisie avec laquelle il recevait les invités et accueillait les lauréats.

En 1860, M. Vicaire rentra dans l'administration des forêts comme directeur général, avec le titre de conseiller d'État en service ordinaire hors sections. Sa haute capacité le désignait depuis longtemps pour cette fonction ; elle était la juste récompense des importants services qu'il avait rendus.

Placé au sommet de la hiérarchie, il déploya un zèle à toute épreuve, étendant sa sollicitude sur tous les points de la France, introduisant des améliorations auxquelles il imprimait une puissante impulsion, enfin entreprenant des travaux forestiers auxquels son nom est resté attaché. Nous voulons parler « de cette œuvre nationale, comme a dit M. Chevandier de Valdrôme, de la reconstitution du sol dénudé des hautes montagnes, à l'aide du gazonnement et du reboisement. Pensée féconde, conservatrice pour les montagnes, protectrice pour les vallées, dont il lui a été donné de commencer l'exécution, et dont il a tracé d'une main sûre et ferme les règles à suivre pour leur entier accomplissement. » M. Vicaire semblait prédestiné à cette grande œuvre, car, en 1845, il avait été choisi comme secrétaire et rapporteur de la commission chargée de préparer un projet de loi sur le reboisement des montagnes.

Il ne craignait pas de s'imposer de longues excursions, voulant voir par lui-même et encourager par sa présence le zèle de ses agents. A une autorité exempte de morgue, alliant cette bienveillance qui est la marque de la bonté du cœur, il s'était acquis et avait conservé l'estime et l'affection de tous.

Infatigable au travail, qu'il ne quittait que pour se reposer au milieu des siens, sa joie suprême, doué d'un tempérament vigoureux, rien ne faisait pressentir sa fin, survenue après quelques jours de maladie. Le 16 janvier 1865, la France perdait un fonctionnaire éclairé et dévoué, la Société centrale d'agriculture un membre éminent.

Son pays natal l'avait envoyé au Conseil général, dont

il était vice-président. Il était commandeur de la Légion-d'Honneur.

LOUIS DE VILMORIN.

Louis DE VILMORIN, fils aîné de André de Vilmorin,
précéda de deux années son père dans la tombe, le
22 mars 1860. Il était né à Paris le 16 avril 1816. L'état
de sa santé, qui l'obligeait à des occupations sédentaires,
le rendit sérieux de bonne heure. « Tout enfant, ra-
« conte M. Decaisne, et encore confié aux soins de sa
« nourrice, il fut un jour témoin de l'égorgement d'un
« porc, exécution, il faut en convenir, horrible en soi,
« quoique nécessaire, et qui devrait être toujours sous-
« traite aux regards de l'enfance. La vue du sang, les
« hurlements de l'animal, les mouvements convulsifs
« de son agonie, et les opérations qui suivirent glacèrent
« l'enfant d'horreur et d'effroi, et, lorsque se réveillant
« dans la nuit, il revit, à la lueur vacillante d'une lampe,
« le corps suspendu de l'animal, il en éprouva un tel
« saisissement que ses membres inférieurs furent à
« l'instant frappés de paralysie. »
Suivant la même voie que son père et son grand-père,
il se livra aux expériences de culture et à des analyses
de chimie végétale.

Son *Catalogue synoptique des froments* a donné
un grand retentissement à son nom. Sa classification
des blés en six espèces principales, sous lesquelles il
range les variétés et sous-variétés, a été universellement
adoptée.

Louis Vilmorin cherchait à améliorer les plantes par

le moyen de la sélection. Il a fait de longues études sur la valeur nutritive de certaines variétés de betteraves, sur la richesse en sucre d'autres variétés. C'est lui qui a obtenu la forme allongée et régulière de la race saccharifère.

En outre de quelques mémoires, il a travaillé à l'album Vilmorin, figures avec texte des légumes et des plantes fourragères représentés en grandeur naturelle, et à l'*Annuaire des essais*, où sont relatés avec la plus grande bonne foi les résultats tels que les a donnés chaque plante.

Louis Vilmorin, le bon et savant, comme a dit M. Moll, était membre de la Société impériale et centrale d'agriculture.

CHAPITRE III

AGRICULTEURS ANGLAIS

DICKSON.

Adam Dickson s'occupait d'agriculture dans les loisirs
que lui laissait sa charge de pasteur. Il a publié un traité
sur la *Culture écossaise*. Son ouvrage sur l'*Agriculture des anciens* a été traduit en français, 2 vol. in-8°.
Il est mort en 1776.

BACKWEL.

Parmi ceux qu'on a appelés les grands réformateurs
agricoles, en Angleterre, Robert Backwel se trouve
le premier par ordre de date. Il naquit, en 1726, à
Dishley, dans le comté de Leicester. Locataire de la
ferme de Dishley-Grange, d'une étendue de 182 hectares, il y établit de belles cultures et y pratiqua des
irrigations. Mais son principal titre de gloire est sur-

tout dans les efforts qu'il fit pour améliorer les diverses races d'animaux. Il est le créateur de la race ovine Dishley. Le but de Backwel était celui-ci : former des races qui rendraient en viande un bénéfice supérieur à celui des autres races, avec la même proportion de nourriture. Il chercha à développer les quartiers qui fournissent la meilleure viande et à diminuer la grosseur des os de la tête, la longueur des jambes. Dans ce but, il choisissait des animaux à la peau souple et fine, au corps légèrement cylindrique, à la poitrine vaste.

Afin de continuer et augmenter les qualités qu'il avait remarquées dans les produits, il employait pour l'accouplement des individus de la même famille. Les animaux de l'espèce bovine qu'il avait perfectionnés étaient à longues cornes ; il obtint leur suppression, parce qu'il les regardait comme inutiles et dangereuses. La race ovine de Dishley (*fig.* 7), à la laine longue, soyeuse, éclatante, est son plus beau succès. Elle est le résultat d'accouplements faits avec un discernement qui n'a d'égal que la longue patience qu'il a fallu pour la créer. La tête est sans cornes, la poitrine ample ; la carcasse est très-légère. Elle est remarquable par sa précocité et son aptitude à l'engraissement.

Backwel avait emprunté à la Flandre ses chevaux de trait. C'est à lui qu'on doit la race des gros chevavx qui font le service du roulage à Londres.

Le prix de vente et de location annuelle de ses béliers, après accroissement successif, était monté à la somme de 80,000 fr. Mais Backwel offrait aux seigneurs qui venaient visiter sa ferme une trop large hospitalité, et le parlement dut plusieurs fois le tirer

Fig. 7. — Race Dishley.

de ses embarras pécuniaires. Il mourut le 1er octobre 1795.

ARTHUR YOUNG.

« Le nom d'Arthur YOUNG, a dit un écrivain anglais,
« vivra dans la Grande-Bretagne, aussi longtemps que
« l'art qu'il a professé dans l'Europe entière. » Si Arthur
Young a mérité l'éternelle reconnaissance de ces concitoyens, en se faisant un des promoteurs de ces réformes
qui ont fait parvenir l'agriculture de nos voisins d'outre-
mer à un si haut degré de prospérité, il a aussi laissé
chez nous, en écrivant ses *Voyages en France*, un souvenir des plus vivaces. Arthur Young est né le 7 septembre 1741, à Londres. Placé comme commis chez un
négociant en vins, il ne tarda pas à se dégoûter du
commerce. Il obtint de sa mère de faire valoir la petite
ferme de Bradfield-Hald (comté de Suffolk), propriété
de famille. Son esprit ardent le conduisit à faire des
expériences qui furent infructueuses. Après un autre
insuccès dans le comté d'Essex, il se mit à voyager
dans les comtés méridionaux de l'Angleterre et du pays
de Galles. Ce voyage fut suivi d'autres effectués dans le
nord et dans l'est, puis en Irlande.

Arthur Young, qui avait éprouvé un troisième insuccès, retira de ses expériences et de ses voyages une
grande science agricole; aussi entreprit-il une œuvre de
propagande, afin d'établir sur les ruines de la routine
les bases d'une agriculture rationnelle. Dans le comté
d'Yorck, ses méthodes réussirent parfaitement. Ses
Expériences d'agriculture sont le récit de ses essais

avec leurs résultats bons ou mauvais. En 1770, il publia un ouvrage populaire, *Farmer's Calendar*, traduit en français sous le titre de *Manuel des fermiers*. Les *Annales d'agriculture,* 45 vol., renferment sur l'agriculture de la Grande-Bretagne des faits d'une grande variété. On y trouve des études de médecine vétérinaire et d'économie rurale et politique. On compte parmi ses collaborateurs le roi Georges III, qui se cachait sous le voile d'un pseudonyme, Robinson de Windsor.

Arthur Young avait, à la mort de sa mère, repris l'exploitation de la ferme de Bradfield. Il la quitta au mois de mai 1787, pour étudier l'agriculture de la France. Il revient en France en 1788 et en 1789. Il visita aussi l'Espagne en 1787, et l'Italie en 1789. Au retour de ses voyages, il fut nommé secrétaire, avec traitement, du bureau d'agriculture de Londres. Il y est mort le 12 avril 1800. Il était associé étranger de la Société centrale d'agriculture de France.

Ses *Voyages en France,* 2 vol. in-12, nouvelle traduction de M. Lesage, précédée d'une introduction par M. Léonce de Lavergne, se font lire avec le plus vif intérêt. Le premier volume est consacré au récit de ses voyages, relatant ce qu'il a vu et fait chaque jour. Le second renferme des études économiques sur l'agriculture de la France ; le dernier chapitre est relatif à la Révolution française. Si ce second volume contient, comme l'a fait remarquer M. de Lavergne, un perpétuel mélange de vrai et de faux, le premier révèle en Arthur Young un judicieux observateur. Muni de lettres de recommandations et avec un nom déjà connu, il a pu examiner mieux que personne l'état de notre agriculture avant la révolution. Son récit est fait avec esprit et aussi avec malignité, et ce qui l'a choqué, il le dit avec une grande liberté d'expression. La France lui plaisait beaucoup : il aurait aimé à posséder plusieurs fermes situées sous nos différents climats, et dont il aurait lui-même dirigé les cultures diverses.

Arthur Young avait amené sa jument en France ; il préférait de beaucoup cette manière de voyager aux diligences, qu'il fut cependant forcé de prendre lorsque la pauvre bête était fatiguée ou malade. Le 30 janvier 1790, il était de retour à Bradfield, heureux de pouvoir donner un excellent aperçu de l'agriculture française, plus heureux encore de se retrouver dans sa calme retraite, au milieu de sa famille et de ses amis.

JOHN SINCLAIR.

Sir John Sinclair, baronnet écossais, est né à Ullester. Comme publiciste agricole, son nom est lié à celui d'Arthur Young. Il usa de son influence politique auprès du gouvernement pour obtenir la création d'un bureau d'agriculture composé de vingt-quatre membres, et dont il devint président.

Les documents qu'ils avaient recueillis pour dresser la statistique du royaume forment 84 vol. in-8°. Ce bureau fit établir des fermes expérimentales dont le plan est dû à John Sinclair.

On a de lui une *Histoire du revenu de la Grande-Bretagne,* 1790. Son excellent ouvrage intitulé : *Code d'agriculture*, 1818, a été traduit par Mathieu de Dombasle, sous le titre *d'Agriculture pratique et raisonnée*. Il était associé étranger de la Société centrale d'agriculture de France. Il est mort le 20 décembre 1835.

COKE.

Coke est né le 6 mai 1753; il est mort en 1839. C'était un riche propriétaire du comté de Norfolk. Arthur Young et John Sinclair avaient bien convaincu les esprits de l'excellence de leurs doctrines. Il fallait encore triompher de l'apathie des grands propriétaires et les déterminer à faire des avances à leurs fermiers. Coke prêcha d'exemple ; et s'établissant au milieu de ses fermiers, sur sa terre de Holkham, il exploita 500 hectares, secondé dans son œuvre par un intendant. C'est lui le premier qui adopta l'assolement dit de Norfolk ; et dans l'espace de trente-six ans, il éleva le produit net de son domaine de 175,000 fr. à 225,000 fr. Il avait augmenté ses fermages, tout en enrichissant ses fermiers, à l'aide de ses conseils et de ses avances. Les résultats obtenus par Coke excitèrent l'attention, et les grands propriétaires suivirent son exemple. En récompense de ses services agricoles, le gouvernement avait appelé Coke à siéger à la Chambre des lords.

LOUDON.

John-Claudius Loudon est un exemple étonnant de ce que peut, dans un corps débile et avec une grande douceur de caractère, la fermeté de l'âme. Il fut, à l'âge de vingt ans, atteint d'un rhumatisme, à la suite d'un voyage fait, la nuit, sur l'impériale découverte d'une diligence. Ce mal lui laissa une contraction au bras gauche et une ankylose au genou. Ce n'était qu'une première épreuve. Il se cassa le bras droit, qu'on lui remit tant bien que mal; et, pendant qu'il subissait l'amputation de ce bras, après une seconde fracture, il éprouvait la paralysie complète du pouce et de deux doigts de la main gauche. Il ne pouvait plus assez rapprocher les deux autres pour tenir une plume convenablement. Il parvint cependant à écrire et à dessiner, tant était grande son énergie !

Loudon est né le 8 avril 1783, à Cambusland, dans le Lanarkshire. Après avoir suivi les cours de botanique de l'université d'Édimbourg, il entra chez un pépiniériste, et vint à Londres exercer la profession d'architecte jardinier-paysagiste.

En 1806, il loua une ferme dans le Middlesex, puis le domaine de Tew-Park (Oxfordshire), où il établit une sorte d'institut, en y appelant les jeunes gens à venir s'instruire dans l'art de conduire une exploitation.

En 1812, sa fortune lui permit d'entreprendre plusieurs voyages dans le nord de l'Europe, en France, en Italie, en Allemagne, et de publier de nombreux ouvrages, dont le premier parut en 1803. Il tenait encore la plume, lorsqu'une maladie de poumons l'enleva à l'horticulture, sa science de prédilection, le 14 décembre 1843.

Loudon trouva dans sa femme, non seulement une compagne dévouée, mais aussi une collaboratrice pleine de zèle : « Pendant plusieurs mois, mon mari et moi, »

a-t-elle raconté, « nous avions pris l'habitude de passer
« debout la plus grande partie de la nuit, ne goûtant
« jamais plus de quatre heures de sommeil et buvant
« du café noir pour nous tenir éveillés. »

Loudon était associé étranger de la Société d'agriculture de Paris.

Ses principaux ouvrages sont : *Encyclopédie du jardinage*, 1822, in-8°, avec figures ; *Encyclopédie d'agriculture*, 1825, in-8°, fig.; *Encyclopédie des plantes*, 1825, in-8°, fig.; *Encyclopédie d'architecture des cottages, fermes et villas*, 1832, in-8°, fig.; un traité sur les arbres et arbustes de l'Angleterre, intitulé : *Arboretum et fruticetum Britannicum*, 8 vol. in-8°, avec gravures.

COLLING.

La race de Durham (*fig.* 8), race de boucherie si remarquable par sa précocité, la finesse de ses membres, ses formes arrondies, a pris naissance il y a un siècle à peine : c'est Charles COLLING qui l'a créée, pour ainsi dire, lorsqu'il se fit éleveur, à l'âge de dix-neuf ans, près de Darlington. Comment ce célèbre éleveur parvint-il à lui donner la conformation qui la distingue des autres animaux domestiques et toutes les qualités dont elle jouit à un si haut degré? C'est encore un mystère.

Les expériences de Ch. Colling durèrent trente années. C'est en 1801 qu'il livra au public le premier des animaux formés par lui. Il vendit un bœuf, connu sous le nom de *Durham-Ox*, âgé de cinq ans et pesant 1,370 kilogrammes en vie, au prix de 3,500 fr.

Fig. 8. — Race Durham.

Cet animal était si gras, que l'acquéreur, M. Bulmer de Harmby, le montra comme une curiosité et le vendit, le 14 mai, à M. John Day, pour 6,250 fr. Ce dernier trouva acquéreur, le 13 juin, à 25,000 fr., et, le 8 juillet, on lui offrit 50,000 fr. qu'il refusa.

Les animaux élevés et perfectionnés par Ch. Colling eurent, dès cette époque, une grande réputation. Les éleveurs les recherchèrent avec un tel empressement que, lorsqu'il vendit, le 10 octobre 1810, sa vacherie, qui comptait 47 animaux, la plupart très-jeunes, il réalisa la somme de 177,896 fr. Le taureau Comet fut adjugé au prix de 26,250 fr., et la vache Countess pour la somme de 10,500 fr. C'est à partir de cette époque que la race Durham s'est propagée dans les différents comtés de l'Angleterre.

Robert Colling, le frère de Charles, éleva aussi la race Durham. La vente qu'il fit le 29 décembre 1818 comprenait 61 vaches, génisses et taureaux. Il réalisa 190,113 fr., soit 3,219 fr. par tête.

La race Durham a été introduite en France, il y a trente ans, par MM. Yvart et Lefebvre de Sainte-Marie.

JONAS WEBB.

Jonas WEBB est né à Great-Thurlow (comté de Suffolk), le 10 novembre 1796.

Simple fermier, il cultiva pendant quarante années le domaine de Babraham. Cette ferme occupait une superficie de 607 hectares; et, en y joignant plusieurs fermes contiguës, on trouve que l'étendue cultivée par Jonas Webb s'élevait à 1,011 hectares.

Fig. 9. — Race Southdown.

Mais c'est surtout comme éleveur qu'il s'est acquis une réputation qui, depuis longtemps, avait franchi la Manche. La race ovine Southdown (*fig. 9*), qui se distingue par sa précocité et par la proportion considérable de viande qu'elle fournit, a été améliorée d'abord par John Ellman, contemporain de Backwel. Jonas Webb l'amena à un très-haut point de perfection.

En 1843, il entra pour la première fois dans l'arène des concours, à Cambridge, où il obtint un premier prix pour ses moutons. Chaque concours était pour lui un triomphe.

En 1856, au concours universel de Paris, on lui décerna une coupe d'honneur. Il offrit son lot de béliers couronnés, auquel il joignit des brebis, à l'Empereur. Napoléon III donna l'ordre de les placer sur un de ses domaines agricoles et envoya au célèbre cultivateur anglais un magnifique service d'argenterie.

En 1861 et en 1862, Jonas Webb vendit son troupeau perfectionné qui, disputé au feu des enchères, produisit la somme de 416,000 fr.

Il venait d'attester une fois de plus son habileté, en exposant pour la première fois des animaux durhams au concours international de Battersea, lorsqu'il mourut, le 10 novembre 1862, quelques heures après l'enterrement de sa femme.

CHAPITRE VI

AGRICULTEURS ALLEMANDS

THAER.

Albrecht Thaer, le régénérateur de l'agriculture allemande, naquit à Celle, dans le Hanovre, le 14 mai 1752. Il suivit d'abord la carrière de son père et devint un médecin distingué. La lecture des ouvrages d'Arthur Young fit naître en lui le goût de l'agriculture, et il voulut étudier sur place les méthodes anglaises. A la mort de son père, il acheta une propriété à Celle, où il établit une école rurale, la première qui ait existé en Allemagne. Son premier ouvrage ayant pour titre : *Introduction à la connaissance de l'agriculture anglaise*, 1794, 3 vol. in-8°, fit une vive impression sur les agriculteurs allemands. Il fut suivi des *Annales de l'agriculture de la Basse-Saxe*.

En 1804, le roi de Prusse proposa à Thaër de venir fonder dans ses états un grand institut agricole. Il refusa d'abord ; mais réfléchissant qu'il accomplirait une œuvre dont l'utilité s'étendrait au loin, il créa l'Institut de Mœglin, près de Francfort. L'État lui remettait le domaine et le capital nécessaire en toute propriété. En même temps, il recevait le titre de conseiller d'État chargé de la direction de l'agriculture.

C'est Thaër qui le premier a fait connaître à l'Allemagne l'assolement alterne ; c'est lui qui, par son exemple, prouva à la Prusse que la pomme de terre pouvait être cultivée en grand ; il rechercha aussi les bons instruments et en répandit l'usage. Sa *Description des instruments aratoires les plus utiles*, 1808, a été traduite par Mathieu de Dombasle ; elle est accompagnée de dessins. On a encore de lui : *Annales de l'agriculture ; Éléments de chimie pour les cultivateurs ; Annales agricoles de Mœglin ;* des écrits sur l'élevage des bêtes à laine fine. Son plus important ouvrage : *Principes d'agriculture rationnelle*, 1811, a été traduit en français par le baron Crud. C'est le résultat de ses études et de son expérience, le résumé de ses leçons, la reproduction choisie d'écrits antérieurs. On y trouve des considérations d'une grande hauteur. Thaër était doué d'une mémoire très-étendue et d'un remarquable esprit d'observation ; c'était un homme généreux. Il était associé étranger de la Société centrale d'agriculture de France. Sa mort arriva le 26 octobre 1828.

SCHWERZ.

L'émule de Thaër, Jean-Nepomuck-Hubert Schwerz, naquit à Coblentz, le 11 juin 1759. Pendant de longues années, précepteur chez le comte de Reusse, il ne commença à s'occuper d'agriculture qu'à l'âge de quarante ans, lorsque la famille chez qui il était le chargea de régir la terre d'Elderen. Il se mit avec ardeur à étudier la théorie et la pratique de cet art, et entreprit des voyages agricoles. Grâce à sa grande capacité intellectuelle, à son esprit d'observation, il ne tarda pas à attirer sur lui l'attention publique. A propos de son premier voyage en Brabant, après avoir fait connaître les manières de cultiver qui l'avaient frappé, il ajoute : « J'ai vu la toute-puissance de travail, de l'industrie, « de l'ordre et de la persévérance, qui ont changé des « sables arides en champs fertiles, et de ce moment « mon cœur fut tout à l'agriculture, c'est-à-dire à « l'agriculture raisonnée. »

En 1807-1808, il publia ses voyages en Belgique, qui reçurent l'approbation de Thaër. En 1810 parut le troisième volume sur l'agriculture belge, à la suite d'une nouvelle excursion dans ce pays.

C'est à cette époque que M. Lezay de Marnesia, préfet du Bas-Rhin, donna à Schwerz la place d'inspecteur des tabacs. *Les assolements et culture des plantes de l'Alsace* doivent leur origine à cette protection éclairée. Cet ouvrage a été traduit par M. Victor Rendu, 1839, un vol. in-8°. De retour à Coblentz, Schwerz fut nommé conseiller de régence et envoyé en mission agricole.

Il avait près de soixante ans, lorsque le roi de Wurtemberg l'appela à la fin de 1818 à la direction de l'institut agricole qu'il voulait fonder à Hohenheim, à huit kilomètres de Stuttgard. Cet établissement acquit une grande renommée, et contribua grandement à rendre florissante l'agriculture du Wurtemberg, en lui imprimant une marche rationnelle. Dès 1820, on avait réuni à Hohenheim l'école forestière qui était établie à Stuttgard. A l'âge de soixante-dix ans, l'affaiblissement de sa vue le força à se démettre de ses fonctions de directeur. C'est pendant ce temps qu'il fit paraître son *Introduction à l'agriculture pratique*, œuvre magistrale, spéciale à l'ouest et au sud de l'Allemagne, et qu'il n'a pas pu terminer. On lui doit l'ouvrage intitulé : *Manuel de l'agriculteur commençant.*

Il se retira dans sa ville natale, où il vécut avec une pension que lui faisait le roi de Wurtemberg.

Schwerz était rempli de bienveillance. Il mourut dans un état de cécité complète, le 11 février 1844.

Il était associé étranger de la Société centrale d'agriculture de France.

COTTA.

Henri COTTA, né le 30 octobre 1763, mourut le 28 octobre 1846. Ses goûts lui firent suivre la profession de son père. Il entra dans l'administration des forêts, en résidence à Zillbach, et ne tarda pas à devenir maître des forêts. En 1795, il fonda une école forestière. dont les élèves répandirent la réputation de l'excellent maître ; en 1811, il vint en Saxe recevoir le titre de conseiller forestier et de directeur de l'institut d'arpentage des forêts de Tharaud, où il transféra, à cette époque, son école forestière.

Ses ouvrages sur l'économie forestière sont estimés ; ils ont pour titre : *Sylviculture*, 1817, *L'estimation des forêts, Principes de la science des forêts*, 1832.

BURGER.

Jean BURGER est né le 5 août 1773, à Wolfsberg, en

Carinthie. Il cultivait un petit domaine qu'il avait acheté, lorsque la lecture des ouvrages de Thaër fit accroître en lui le goût de l'agriculture. Il s'efforça de propager la culture du maïs, et il consigna ses longues études sur cette plante dans un ouvrage qu'il publia en 1808, sous ce titre : *Traité de l'histoire naturelle, de la culture et de l'utilité du maïs.* Professeur au lycée de Klagenfurth, il acheta près de cette ville un domaine où il faisait l'application de ses cours.

Le gouvernement l'envoya à Trieste diriger les travaux du cadastre, puis en Styrie et en Lombardie. Dans son *Voyage dans la haute Italie,* 1831, il a mentioné ses observations sur l'agriculture et les industries agricoles qu'il avait étudiées. On a aussi de lui un *Traité d'économie rurale* et une *Étude sur les vignobles autrichiens.*

Bürger est mort le 24 janvier 1842.

PABST.

Henri-Guillaume Pabst naquit en 1798, dans la Haute-Hesse. Après avoir professé à l'école d'économie rurale de Hohenheim, il fonda, à Darmstadt, une école d'agriculture à laquelle il annexa une ferme. Les services qu'il rendit à l'agriculture dans ces fonctions, et aussi comme membre de sociétés savantes, lui valurent, en 1850, la nomination de directeur de l'agriculture. C'est à lui que la Hongrie est redevable de l'enseignement agricole qui est donné à l'école d'Altenbourg.

On a de lui de nombreux ouvrages, entre autres un *Traité d'économie rurale,* 1833, 2 vol. in-8º.

CHAPITRE V

AGRICULTEURS SUISSES

DE FELLENBERG.

Philippe-Emmannel DE FELLENBERG, que la philanthropie conduisit à faire de l'agriculture, est né à Berne (Suisse), le 27 juin 1771 ; il est mort le 21 novembre 1844.

Après avoir étudié le droit et passé quelque temps comme employé dans une maison d'éducation, il parcourut la Suisse, la France, l'Allemagne, étudiant les mœurs et les besoins des populations agricoles, et aussi les diverses méthodes d'enseignement des arts.

En 1799, il acheta la terre de Hofwyl, près de Berne. Ce fut dans ce lieu peu fertile qu'il planta sa tente, et qu'il fonda successivement un Institut agricole théorique et pratique, une fabrique d'instruments, une école rurale pour les pauvres, un institut supérieur pour la noblesse, une école d'industrie ou école intermédiaire, une école normale.

Voici un passage d'une lettre adressée au secrétaire de la Société d'agriculture de Paris (*Mémoires* de cette Société, t. XI, 1808) : « M. de Fellenberg a employé

« des capitaux considérables, des soins infinis, une ac-
« tivité, une intelligence et une persévérance rares à
« porter ses terres médiocres à un degré de culture
« vraiment étonnant. Il a fait faire et a mis en usage
« un grand nombre d'instruments aratoires utiles. Il a
« construit des vacheries d'après d'excellents principes.
« Il a adopté avec succès et tâché de perfectionner les
« pratiques d'irrigation et d'usage d'engrais liquide
« particulières à la Suisse.

« Il a fait tous ses efforts pour présenter à ses com-
« patriotes une espèce de ferme expérimentale où cha-
« cun pût venir s'instruire sur les degrés d'utilité de sa
« manière d'opérer et de ses instruments.

« Il a donné un modèle d'une culture extrèmement
« soignée, et a fait connaître l'esprit dans lequel une
« ferme pareille doit être tenue. Il a enfin fait tout ceci
« dans la vue de propager les bons principes d'agricul-
« ture en formant des élèves, avec le dessein de former
« un séminaire de maîtres d'école de campagne qui,
« par là, fussent en état d'éclairer et de perfectionner
« l'éducation des classes inférieures, d'y joindre enfin
« une petite école d'industrie rurale. »

De Fellenberg était associé étranger de la Société
d'agriculture de Paris. Il a publié des *Vues relatives
à l'agriculture de la Suisse et au moyen de la.per-
fectionner* (trad. par Ch. Pictet, Genève, 1808, in-8°.)

LULLIN DE CHATEAUVIEUX.

Jacob-Frédéric LULLIN DE CHATEAUVIEUX naquit à
Genève, le 10 mai 1772. Fils d'un colonel propriétaire

d'un régiment suisse au service de la France, il était destiné, par la position de son père, à la carrière des armes et à occuper une brillante position. Mais la révolution le força de quitter la France, et il vint se fixer sur une propriété de son père, située sur les confins du canton de Genève et du pays de Gex. Depuis lors il s'adonna à l'agriculture, s'occupant en même temps de littérature.

Établi dans une localité arriérée, il dut étudier les contrées qui se distinguaient par leurs progrès agricoles, et ne contribua pas peu à faire sortir les cultivateurs de son canton de l'ornière du passé.

Lullin de Châteauvieux collabora à la *Bibliothèque britannique agricole*, destinée à répandre les méthodes perfectionnées des agronomes anglais et allemands.

En 1813, il publia des *Lettres sur l'Italie*, esquisse de l'agriculture italienne et peinture de l'état moral de ce pays.

En même temps qu'il s'occupait d'agriculture, Lullin de Châteauvieux prit part à la vie politique de son pays et fut un de ceux qui travaillèrent à donner une constitution à Genève.

L'ouvrage qui perpétuera son nom est celui qui a pour titre : *Voyages agronomiques en France;* il est écrit en français et forme 2 volumes in-8". C'est le tableau fidèle de l'agriculture de notre pays avant 1842, époque de la mort de Lullin. La publication en a été faite par les soins de son gendre, en 1844.

« Mon but, » dit Lullin de Châteauvieux, « a été « non seulement de fixer le point où est arrivée l'éco- « nomie rurale, mais de tracer la route qu'elle a suivie

« pour y parvenir, et d'indiquer celle qui s'ouvre de-
« vant elle pour dépasser ce point et satisfaire aux be-
« soins toujours croissants d'une population dont rien
« n'arrête l'essor. »

Lullin de Châteauvieux était associé étranger de la
Société centrale d'agriculture de France. Il a pris une
grande part aux travaux de la Société d'agriculture de
Genève.

DE CANDOLLE.

Augustin PYRAMUS DE CANDOLLE est né à Genève, le
le 4 février 1778. Ce botaniste, dont la science étendue
lui assure un nom parmi les plus distingués, appartient
à la France par plus d'un côté. Il descendait d'une
famille protestante française, qui avait émigré au
XVIe siècle. Il vint à Paris suivre les cours du Jardin-
des-Plantes et ceux de la Faculté de médecine où il prit
le grade de docteur. Son premier ouvrage est une *Histoire des plantes grasses*, en 4 vol. En 1802, il sup-
pléait Cuvier au collége de France. Lamarck le chargea
de faire une nouvelle édition de sa *Flore française*.
Cet ouvrage, considérablement augmenté par De Candolle, fut terminé en 1815 et forme 6 vol. in-8º.

En 1810, le ministre de l'intérieur l'avait chargé de
missions agricoles dans toute l'étendue de l'empire.

Les observations qu'il recueillit, il les consigna dans
six rapports intitulés : *Voyages agronomiques et bo-
taniques*, et insérés dans les *Mémoires* de la Société
d'agriculture de la Seine.

En 1808, il obtint, au concours, la chaire de botanique de la Faculté de médecine de Montpellier et fut chargé de la direction du jardin botanique.

Son chef-d'œuvre, *Théorie élémentaire de la botanique*, parut en 1813 ; il s'y était proposé pour but de conduire à la connaissance des rapports naturels et à l'analyse de leur valeur.

Les tracasseries qu'on lui suscita, au sujet de la position de recteur de l'Université de Montpellier, qu'il avait acceptée pendant les Cent-Jours, le firent rentrer dans sa patrie. Ses concitoyens, en 1817, créèrent pour lui une chaire d'histoire naturelle et lui donnèrent la direction d'un jardin botanique.

De Candolle continua ses travaux avec la même ardeur. Il conçut le projet de décrire dans tous leurs détails toutes les plantes connues, mais il y renonça après avoir publié deux volumes de son *Système naturel du règne végétal*. Il entreprit sur un vaste plan, mais moins étendu, son *Prodrome du règne vegétal*, qui est continué par son fils. On a aussi de lui une *Organographie végétale*, 2 vol. in-8º, 1827, et une *Physiologie végétale*, 3 vol. in-8º.

Les écrits de De Candolle ont grandement contribué au triomphe de la méthode naturelle, auquel est attaché le nom de Jussieu. Cette méthode a été modifiée par lui, et elle porte aujourd'hui le nom de méthode de De Candolle. Il est mort à Genève, le 9 septembre 1841. Il était associé étranger de l'Académie des sciences et de la Société d'agriculture de Paris.

CHAPITRE VI

AGRICULTEURS ITALIENS

DE CRESCENS.

Pierre DE CRESCENS ou CRESCENZI est né à Bologne (Italie), en 1230; il est mort en 1320. Il avait dans sa jeunesse appliqué son esprit à diverses études, les sciences naturelles et le droit.

Sur l'invitation de Charles II, roi de Sicile, il a consigné ses observations sur les ouvrages des agronomes latins et le résultat de son expérience personnelle dans un livre écrit en latin, et qui est intitulé : *Opus ruralium commodorum.*

Cet ouvrage, publié au commencement du XIVe siècle, est composé de douze livres et d'une préface. Il a été traduit en français, à la requête de Charles V, sous le titre de *Rustican du labour des champs,* 1373, et sous celui de : *Le livre des prouffits champêtres,* en 1486.

DE BONAFOUS.

Le chevalier Matthieu DE BONAFOUS est né à Lyon (Rhône), le 7 mars 1793. Il descendait d'une famille française qui avait pris part aux croisades, et dont un membre s'était allié à une famille italienne. Il avait terminé ses études à Paris et obtenu le grade de docteur à la Faculté de médecine de Montpellier (Hérault), lorsque ses connaissances en histoire naturelle le firent nommer directeur du jardin d'expériences de la Société d'agriculture de Turin.

L'industrie séricicole, vers l'étude de laquelle il se sentait invinciblement porté, lui est redevable d'excellents écrits, et doit lui être reconnaissante des efforts qu'il a faits pour la rendre plus florissante. Son *Traité de l'éducation des vers à soie et de la culture du mûrier* a obtenu un grand succès. Son *Histoire naturelle et économique du maïs*, in-folio avec planches coloriées, est une œuvre qui a mis son nom en honneur.

De Bonafous a écrit ses ouvrages, tantôt en italien, tantôt en français. Il a fait un noble usage de sa fortune : il a créé de ses deniers un jardin expérimental à Saint-Jean-de-Maurienne (Savoie) ; il a mis de nombreuses sommes d'argent à la disposition des sociétés savantes pour être données en prix, aussi bien en Italie que dans notre pays, et il vint en aide à des jeunes gens que la modicité de leur fortune empêchait de continuer leurs études.

De Bonafous était correspondant de l'Institut de

France, associé étranger de la Société centrale d'agriculture. Il est mort subitement à Paris, le 3 mars 1852.

DE RIDOLFI.

Le marquis Côme DE RIDOLFI naquit à Florence, en 1794. Élevé par sa mère à la campagne, il vint au lieu de sa naissance compléter ses études. Il créa dans son palais un laboratoire de physique et de chimie. Après un voyage en France, il s'occupa d'études agricoles, et, en 1828, il fonda dans sa propriété de Meleto un institut agronomique, d'où sont sortis un grand nombre d'agriculteurs distingués. Quoique possesseur d'une grande fortune, dans son désir de faire progresser l'agriculture de son pays, il occupa une chaire d'agriculture à l'Institut de Pise.

De Ridolfi fut ministre de l'intérieur du grand-duc de Toscane, Léopold II, puis ministre plénipotentiaire en France, en Angleterre et en Belgique. Il a inventé, pour les labours profonds, une charrue qui porte son nom.

De Ridolfi a collaboré à beaucoup de publications et a créé en 1827 un *Journal d'agriculture*. Il est mort en 1865. Il était vice-président du sénat du royaume d'Italie, directeur des musées de Florence, président de l'Académie des géorgophiles, correspondant de l'Académie des sciences de France et associé étranger de la Société impériale et centrale de notre pays.

TABLE DES MATIÈRES.

TABLE ALPHABÉTIQUE.